U0062667

数码暗房

精析 Photoshop CS4
人像照片后期处理技术

王振宇 主编

刘佳 邹文静 陈其 编著

人民邮电出版社
北京

图书在版编目（CIP）数据

精析Photoshop CS4人像照片后期处理技术／王振宇主
编；刘佳，邹文静，陈其编著.—北京：人民邮电出版社，
2009.8
（数码暗房）
ISBN 978-7-115-20025-9

I. 精… II.①王…②刘…③邹…④陈… III. 图形软件，
Photoshop CS4 IV.TP391.41

中国版本图书馆CIP数据核字（2009）第105817号

内 容 提 要

本书是一本讲解如何用 Photoshop 进行人像数码照片后期处理的书。

全书共分为 8 章，主要内容包括如何选择照片、素描关系在区分照片层次中的运用、磨皮处理技术、质感处理技术、如何修形去疵、照片调子和视觉重心的处理、如何对照片进行萃取及再创造等。

本书注重将美术知识与 Photoshop 软件技术相结合，书中为了表达方方面面的细节问题，采用了大量的典型照片。对读者来讲，在学习阅读或今后创作时都有很大的参考价值。为了照顾美术基础知识有所欠缺的读者，本书在讲解中，结合实例，穿插了各项美术基础知识，供读者学习参考。

本书配有 1 张 CD 光盘，读者学习完第 1 章后，可以使用光盘中第 1 章文件夹的素材来练习自己分析构图和辨识可用照片的能力。光盘中第 2 章～第 7 章文件夹中包含书中所有实例的原始照片和制作完成后的分层 PSD 文件，供读者练习和再创造使用。光盘中第 8 章文件夹中提供了傻瓜色表，供读者参考使用。

本书适合有一些 Photoshop 软件使用基础并希望学习数码相片人像处理技术的爱好者，或者希望提高人像处理技术的相关平面设计、广告、摄影等专业人员阅读。

精析 Photoshop CS4 人像照片后期处理技术

◆ 主　　编　王振宇

　　编　　著　刘　佳　邹文静　陈　其

　　责任编辑　董　静

◆ 人民邮电出版社出版发行　　北京市崇文区夕照寺街 14 号
邮编　100061　　电子函件　315@ptpress.com.cn
网址　http://www.ptpress.com.cn
北京画中画印刷有限公司印刷

◆ 开本：800×1230　1/20
印张：11
字数：450 千字　　　　　　　　2009 年 8 月第 1 版
印数：1—4 000 册　　　　　　　2009 年 8 月北京第 1 次印刷

ISBN 978-7-115-20025-9/TP

定价：55.00 元（附光盘）
读者服务热线：**(010)67132692**　印装质量热线：**(010)67129223**
反盗版热线：**(010)67171154**

前　言

本书是专门为对 Photoshop 有兴趣，希望进一步学习 Photoshop 的人所编写的。鉴于近年来，Photoshop 已经广泛应用于广告、摄影等行业，越来越多的人开始接触它，了解它。不过，人们通常了解到的都是技能方面的知识，当技能已经非常纯熟，但却觉得做出来的东西不是自己想要的，这中间存在着很多问题。本书将很好地把技能和美学结合起来，切身实地的从初学者的角度出发，让你"头脑里想的"和"手上做出来的"非常接近！

第 1 章，选择照片。本章主要是为初学者服务。当初学者已经在脑海里大概构思出自己所想要的设计时，往往有点手足无措，不知道从何下手，如何选择自己需要的照片？如何选出符合审美和设计的"好"照片？选择照片，从而加以设计，照片就是底子，如何选择照片就显得尤其重要。针对这一问题，本书从构图和色彩以及调子的角度出发，讲解怎样选择适合的照片。

第 2 章，素描关系在区分照片层次上的运用。本章重点阐述了如何应用质感和素描关系的概念去区分照片的层次，解析了实际运用中可能会碰到的一些问题和习惯处理手段，以及如何使用 Photoshop 调节工具使作品与实际的色彩、调子、层次一一对应。

第 3 章，磨皮处理。磨皮并不是专用术语，在本书中，它的意思是削弱粗糙皮肤质感并降低对比度，使其看起来更加光滑细腻。本章是全书的第一个知识难点，也是学习影后（摄影后期处理）必须得攻克和熟练掌握的一个技术。本章分为 4 节，运用较多的例子和示意图由浅入深地剖析了磨皮的技术并分析了各种可能面临的难题。

第 4 章，质感处理。一幅"好"的摄影作品设计和普通的摄影照片的区别，很大程度上是艺术效果和质感的结合。艺术效果也许很容易做到，但是结合却很难。艺术效果和质感结合得好不好，这个"度"对于初学者来说是比较困难的。多一分则"浊"，少一分则"假"。读者通过本章的学习可以深刻地理解到质感的概念。

第 5 章，修形去疵。本章包含了两方面内容：一是修形，包含内部形体结构与外部形体结构；二是去疵，去除皮肤表面的瑕疵，如粉刺、痘子、色斑等。本章可以让你的设计不至于"输"在起跑线上。

第 6 章，调子细节统一及图像视觉重心定位。本章分为 6 节，第 1 节调子与重心调节效果对比点评，图文并茂地讲解了重心调节的概念；第 2~5 节都是各种因素的判断准则；第 6 节是实际操作的例子，包含了一些 Photoshop 技法。

第 7 章，萃取及再创造预析。这一章提供了一些再创造的运作手段和思维方式，并与软件技巧有机地结合，真正做到技术为灵感服务，而不是"技巧的奴隶"。

第 8 章，小技巧补遗及色彩进阶知识。承接前面几章的思路，本章讲解了一些高级工具的使用方法。虽然这些工具并不常用，但是用到时总有事半功倍或解燃眉之急的功效。

参加这本书编写的人员，大多来自四川美术学院，他们多年从事人像后期处理、平面设计、广告策划、动画设计等工作。大纲与全文均由王振宇策划、撰写并统稿。

本书经刘佳、邹文静给予技术支持，他们在本书数易其稿的过程中，对本书的理论框架和具体观点、材料提出了许多宝贵的意见，在此深致谢意！

本书的不少术语概念都是初次用中文界定，一些论点和提法虽然反复斟酌，限于我们的水平，不妥之处在所难免，敬请专家和学习者指正。本书的相关讨论、问题答案，包括本光盘的文件夹 1 的构图分析答案，读者均可以访问如下网站的本书讨论区 http://www.pubeta.com。

编　者

2009年6月

目 录

选择照片

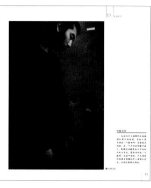

02 Chapter

素描关系在区分照片层次上的运用

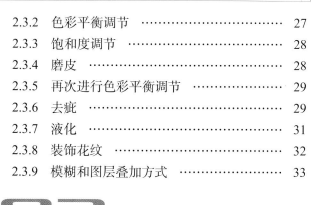

03 Chapter

磨皮处理

04 Chapter

质感处理

05 Chapter

修形去疵

06 Chapter

调子细节统一及图像视觉重心定位

08 Chapter

小技巧补遗及色彩进阶知识

07 Chapter

萃取及再创造

第1章　选择照片

　　在摄影者捕捉镜头的时候，往往会产生大量的照片，因此在进行后期处理时，必须对这些照片有所选择。这些选择包括技术层面的，比如，色彩、黑白灰调子、构图等；也有的是来源于处理目的的特殊要求。本章主要向读者介绍如何培养自己对照片的观察鉴别能力，以及一些基本的专业术语。

　　作为全书第1章，本章将按照接触照片的顺序，一步一步说明如何对照片进行筛选。1.1节会罗列出一些最常见的照片进行对比，阐述基本概念并简单评价照片的瑕疵和可用度。1.2节则规范化地陈述了选择照片的依据，主要包括调子完整性、固有色纯度、构图与后期难度、图片解像度这4个层面。1.3节是为本书后续章节选择照片的例子，将会根据本书使用照片的目的进行照片选择，并概括地提到本书介绍的大部分技术与艺术应用，为全书的讲解做出铺垫。

1.1　照片对比点评

　　摄影者在进行拍摄时，对于一个姿势、一套服装，往往会先拍摄一组照片，随后再进行挑选。而这一组照片之间的区别也不是太明显，如图1.1所示。需要说明的是，本书为了贴近读者，不会选择那些看上去完美无瑕的照片，我们采用的是最常见的，也是读者可能遇到最多的一些照片，方便读者进行参照和实践。

1.1.1　分析构图

　　这4张照片基本上都是头、颈、肩3个部位的动态，特别是后面3张，动作区别不大，那么该如何去分析选择呢？

图1.1

▶▶ 1.判断构图样式

☞【左起第1张】

　　整个人物呈沙漏形，这种构图中间窄，上、下两头宽大，也被称为X构图，如图1.2所示。照片主题人物常常是占据这个X分割出来的上、下两个三角区域，和背景的左右两个区域等分，产生一种类似于装饰花纹的效果。

图1.2

【左起第2张】

第一感觉酷似三角形，不过细看的话，可以观察到照片由尖圆的头顶通过自然向下散开的头发过渡到宽一点的肩部，再由肩部向下收拢，形成了四边形的边缘。另外，从色彩来看，照片的整个色调分布非常单一，所有皮肤的颜色都聚到了一块，而这块也是整张照片的视觉重心（视觉重心：一种由繁衬托简，由单一衬托精致诱导视觉凝聚的表现方式），而这一部分的形状也恰恰构成一个平行四边形构图，如图1.3所示。

通过明显的内部平行四边形和外部不明显的三角形对比后，就产生了一个新的判断依据——构图不但可以按照外部轮廓来确定，也可以通过凝聚色彩形状这样的内部造型来确定。这里的内部形状是根据皮肤的色块来确定的平行四边形，排除了头发部分，它的上端与发际重合，沿着倾斜的两边脸颊一直到两个肩头，然后向下收拢，形成一个倾斜的平行四边形。

图1.3

【左起第3张】

这张拍的是人物的大半身，是一个有着非常互补味道的对角线对称构图，微微向前靠的头部偏离了对角线，刚好和左下空缺的部分形成了对比。典型的利用对角线划分的倒三角构图，视觉重心是集中在右面的躯干，和左边单一的墙面纹理形成鲜明的对比，以对角线进行划分，左面"简单"，右面"精致"，如图1.4所示。

【左起第4张】

这张拍的是人物的上半身，它更接近三角构图。同图1.4相比，图1.5突出了完整的上臂，以此作为前景，搭在头部的双手连接而成了一个夹角，使得头、手所表达的动态一目了然。

图1.4

图1.5

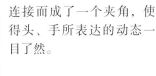

由于这个姿势给人的感觉更为明显，使得注意力更容易集中到这个三角形的姿态上——而不是面部。另外，人物图像多出来的部分使得视觉重心发生了改变，明显的轮廓也更容易让欣赏者注意到。这就是利用肢体的前后关系来判断构图的方式，处于后方的上臂理所当然地充当了背景的功能。

通常，照片上的物体或者人的一部分占据了画面较长边的一半以上，那么它很可能就是这张画面的视觉重心。

经验总结

焦点是平行光线通过透镜形成的像点，而焦距则是从焦点到透镜中心的距离。读者可以熟记下面这几个焦距的特点：焦距的长短与成像大小成正比；焦距长短与视角大小成反比；焦距长短与景深成反比；焦距长短与透视感的强弱成反比；焦距长短与反差成反比。

▶▶ 2.不利因素分析

　　构图方面分析完后，读者可能会问：你讲得好像所有的照片构图都有其优点，都行，那我们怎么选择啊？其实在瑕疵、空间关系、人体结构美感以及人物的表现能力上都可以进行筛选，下面就对这些照片进行分析。

☞【左起第1张】

　　请读者观看重新标注过的左边第 1 张照片，如图 1.6 所示。人物脸部有一些小的瑕疵，这为后期的处理增加了困难。除了头部略微地偏左了一点，稍微影响了漏斗的形状以外，右边多出来的一块背景将面部保持在图片的正中，还算比较好地保持了构图。但这个 X 像是被压缩过，显得有些"矮胖"，竖直方向上也有些拥挤和错位了，使得构图不太理想。

　　层次上，由于人物脸部转向正面，使得整个人物略微显得平，不过稍微倾斜的背景纹理较好地改善了这种平的感觉，使画面不会显得太过死板，在没有太多环境烘托的情况下显现出了一定的纵深感。

图1.6

☞【左起第2张】

　　这张图在实际选择上只有一个问题，那就是审美，向前倾斜的人物使得向后缩小的躯干美感难以突出。在处理的时候，读者需要降低周围区域的明度，诱导视线集中在人物面部，这样做还有一个好处就是，使前后关系更加明显，效果如图 1.7 所示。

☞【左起第3张】

　　这一张比前面两张要好一些，上面提到的问题通通没有，妆也比较到位：强化的眼线、淡淡的眼影为后期工作省了很多步骤，如图 1.8 所示。作为一个照片后期工作者，常常会有这样的感觉：有很多处理是做着化妆的工作。比如，粉底是为了使皮肤看上去更细腻，而磨皮这个步骤也是相同的目的。在照相前打上粉底，后期磨皮工作就能省很多时间。当然，不打粉底，后期磨皮也能做出这样的效果来。其他比如眼线、唇彩也都是如此。

图1.7　　　　　　　　　　　　　　　　图1.8

【左起第4张】

如图1.9所示，前面提到这是一个囊括了表现其动态的头、颈、肩以及手臂的三角构图。而微微倾斜的肩线和稍微扭动的头都形成了很好的动态，只是拍摄的角度使手臂显得有些肥大，这是唯一的瑕疵。或者说，模特左边手臂稍微靠左一点都能减轻这个效果。

这一组照片，排除人物的表现力、光线来说（光线显得有些散乱，因为有其他方向的光线削弱了主光源，使得三大调不怎么明显），还算是不错的素材。那么，前面列举出的照片都有自己的构图形式，也都有一些小毛病，在挑选的时候更高的指导原则是什么呢，那就是人物的表现力，表现在身体的僵硬与放松、表情的自然程度，因此我们更倾向左起第2张和第3张。当然，在构图没有严重问题的前提下才进行这样的筛选。

图1.9

1.1.2 近似构图对比与空白空间在构图中的取舍

在进行照片筛选的时候，常常会遇到比较近似的图片，在摄影师频繁地按动快门的时候，这类照片将会大量产生，但是虽然近似但构图却未必相同。下面，请读者鉴别几组照片。

1.决定构图的动态人体结构

图1.10和图1.11虽然不尽相同，但构图看起来也差不多，这要如何来判断呢？下面使用这一组照片详细讲解如何分辨构图。有些读者可能会问：又要讲构图了，讲这么多区分或制造这些构图的方法，对我们有什么好处呢？具体原因将在本章最后一节讲到，有兴趣的读者也可以先翻阅这一节内容，再回过头来继续学习。

图1.10

图1.11

图 1.10 和图 1.11 其实是完全不同的构图，图 1.10 是 X 构图，而图 1.11 是等腰三角形构图。也许有些读者会认为两张都是 X 构图，无法理解如此相似的两张照片为什么构图不一样。那么区别在哪里呢？判断的依据又是什么呢？

【共同点】：图 1.10 和图 1.11 的视觉主体都是中间窄逐渐向上、下两个方向变宽。

【不同点】：图 1.10 的上、下宽度区别很微弱。而图 1.11 一眼就能看出下边要宽出上边很多，连接头顶到下面边缘，画面可以近似看做一个等腰三角形。

从视觉效果上看，图 1.10 的 X 形构图显得很稳重，同时又具备对称的美感。在这样的构图中，漏斗的两头都会更有美感，而视觉重心就在漏斗的"通道"，即中间区域。图 1.11 所示的等腰三角构图同样也显得稳重、端庄，三角形传递给人的暗示就是稳固，但它的视觉重心却是三角形的整体。

可能有的读者会有疑问：图 1.11 这个三角构图中间那么多空白，冒昧地将其连接起来，怎么能说得通呢？图 1.10 的 X 构成空间可都没有空白啊。针对这个问题，请看下边的一组例子，如图 1.12 所示。

经验总结

在摄影时，当镜头向人或景物调焦时，会在人或景物的前后形成一个清晰区，这个清晰区称为全景深，也就是常说的景深。读者在实际拍摄中，可以牢记如下几点：使用大光圈，景深小；使用小光圈，景深大；物距小，景深小；使用广角镜，景深大。

图1.12

这一组照片全部都是三角构图，它们也都具有上面出现的空白问题，那么判断依据是什么呢？

其实在第1节已经讲过，表现动态的头、颈、肩以及手臂，反过来也会成为判断的依据。即囊括动态的关节所构成的形状组成了构图。当然，没有人会长成三角形，支撑以及控制关节活动的部分互相连接的韵律产生的结构美需要观察者主观地概括。

为了更好地理解，首先对图1.12的构图稍微标注一下，如图1.13所示。

图1.13

下面，读者可以边看图1.13，边学习一些简单的美术知识，这里会引用一些动态人体结构的知识。

人体在艺术应用上可以分为几个大的块体：颅腔、胸腔、盆腔以及连接它们的颈和腰。这三大块体之间的扭动就产生了人体躯干的动态，人们只需要找到3腔中任何一个腔平衡的两点，就能把握它们之间的动态关系，如图1.14所示。

颅腔即头部，一般用两眼的连线来确定头部的动态，因为人的眼睛长在眼窝内，无法发生位置改变，因此只要两眼连线倾斜了，就表示头部倾斜了。如果是背面就改为两耳连线来判断。

胸腔即胸部，一般使用靠近肩的锁骨头连线来判断，背部可以使用肩胛骨头的连线来判断，肩胛骨头位于肩膀靠后一点。

盆腔即盆骨，一般使用盆骨两个突出的骨点连线来判断，位于肚脐斜下方。背部则采用臀大肌底部的连线。

颅腔、胸腔及盆腔，它们之间任意一个部分的扭动，都不会影响其他部分的平衡，但位于胸腔之上的颅腔，如果胸腔发生了水平的变化，那么颅腔的位移也会发生变化，但不会影响颅腔的平衡。

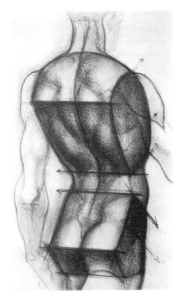

图1.14

经验总结

三角构图传递一种静态、稳固的暗示，它不是审美的标识，但具体对象所呈现出来的氛围与三角构图的这种特质契合时，就算没有视觉之美也会显现出一种自然之美。

根据动态人体结构的知识，再来看看图1.13。

◆【左起第1张】

微微倾斜的头部没有改变构图，它产生了些许倾斜，但是对头的平衡没有影响。由颅腔和胸腔搭配肩关节连线形成了比较正式的等腰三角形。

◆【左起第2张】

第2张是前一张的加强，右手抬高与头连成一线，身躯稍微左倾，更广阔的构图把右手摆在了身躯前面，使得身躯可见区只有稍稍不成形的一块，头的后边线与披发肩头形成三角形的另外一边。

◆【左起第3张】

一个回眸的姿势，这里值得注意的是三角形的底边，它采用了胸腔的底线而非左手肘与右手前臂的连线，这是以前面讲到的结构连线为原则来定的。向右微微转动的胸腔使得左边区域看起来更放大（视觉的近大远小原则）。

◆【左起第4张】

第4张基本是一个全身人体的斜三角构图，微微偏转的头部没有影响顶点的位置，稍微弓起的躯干配合搭在膝盖上的双手形成了三角形的两腰，而微微弯曲的腿无法在整体上影响这个构图。

将这一组照片的动态概括了一下，描绘出如图1.15所示的火柴人。

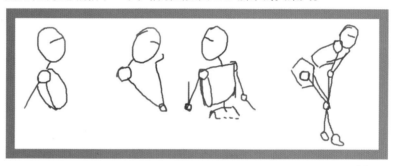

图1.15

观察如图1.15所示的火柴人动态是不是可以轻松地鉴别形态？综上所述，读者不难发现，手臂是展现上半身肢体语言的重要组成部分，三角构图的斜边都是以手的轮廓为边线的。而底边往往就是胸腔的体现，头部则决定了顶点的位置。

▶▶ **2.体现立体效果的三要素**

接下来要提到的是体现物体立体感的三要素：黑、白、灰，这也是用来鉴别原片能否进行后期处理必不可少的一个因素，如图1.16所示。

图1.16标识了明暗五调子，属于比较细致的标法。而黑、白、灰分别对应什么呢？

【黑】：指明暗交界线、反光和暗面，也可以统一称为暗面。它表示光无法直接照射到的地方。从明暗交界线被遮挡，反光一般处于暗面的最底端往上渐弱，是由环境反射光线到暗面，是暗面中最浅的色彩，但仍然比亮面中最深的颜色还要深。由于反光往上（明暗交界线）减弱，所以暗面最深的颜色就在明暗交界线。

【白】：指高光。它是光直接照射的部分，也是物体最先接触到光线的地方。

经验总结

有的时候，比如一些俯视或者仰视以及近距离拍摄的人像，头部轮廓有可能会嵌入身体中。处理这种照片时，读者可以忽略大的身体结构，以照片所显现出来的表相来判断构图，头发、服饰等都能作为构图的依据。

08

【灰】：指亮灰和固有色，也叫亮面。它和白一样表示受到光直接照射的部分。不过，它包括的是在高光周围由于光的发散现象逐渐减弱形成的亮灰（比高光浅一些）部分和最接近物体真实颜色的固有色部分。

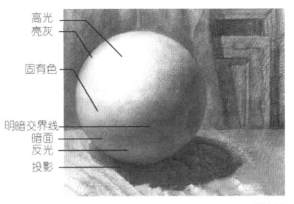

图1.16

对于一张原片的要求就是必须同时具备以上这些元素。怎么来识别这些元素呢？怎样用这些元素与照片进行一一对应呢？先来看看图1.17和图1.18，这两幅图片都是人物素描，两者的层次在脸上的呈现也不相同。

先看图1.17，根据高光到投影的方向，判断光来自右上方。整个脸的正面形成了白灰部分，最深的部分由头发（因为固有色就是最深的）以及脸部的额骨侧面向下延伸到颧骨，形成明暗交界线，由于头部结构关系，反光很乖地留在了下巴底部，贴着明暗交界线的固有色和亮灰带烘托出亮面脸部的结构，五大调子俱全，这是一张很优秀的素描。

图1.18的光线同样来自右上方，脸部同样是亮面，但明暗交界线却不在颧骨一线了，颧骨体现出的只是亮灰色，这是怎么回事呢？其实是因为光线太过强烈或者是平行光的照射使得明暗交界线退到了有很深转折的下颌骨边缘。仔细观察后不难发现，反光还是在下巴底部。这种情况就是整体的面积不变，压缩了暗面而增加了亮面，这样的情况在人像摄影的时候比较多，进行照片筛选的时候一定要注意。被压缩了的暗面可能不容易被发现，因为面积非常小。另外，整个脸颊都被融入亮面的拍摄常常体现的重心就是面部，而以颧骨为明暗交界线来烘托体积的拍摄重心多在人物本身。

图1.17

图1.18

经验总结

　　人物肖像摄影大都以肖像为主，读者在判断面部各种调子的时候，可以依据面部皮肤明度来判断。因为一般人的皮肤颜色都相近，那么各调子之间最大的区别就在于明度，找准最深的明暗交界线，暗面和亮面就分开了。

再看看另一组照片，如图 1.19 所示。这类照片体现了非常强烈的光线感，人物的体感被烘托得很好。通过后期处理后，周遭的环境都显得不太真实，通过有意地将它们减弱或加深，从而突出主体物。自然的室外光线是很难达到这种效果的，这种效果一般都来自于室内的人为控制。

下一节，将会对这一节的内容进行归类——这就是照片挑选的依据。

经验总结

摄影中常常会提到镜头明度这个词语，实际上镜头明度的大小就是光通量的多少。镜头口径大，则通过的光量多，明度就大；反之明度小。明度大小可以通过相机的光圈系数按倍数来计算，它的大小也是决定曝光时间的重要因素。

图1.19（a）

经验总结

知道为什么摄像师在拍摄团队照片的时候，会把人员安排成一个弧形吗？答案就是场曲。在一个平坦的影像平面上，影像的清晰度会从中央向外发生变化，聚焦并形成一个弧形，这就叫场曲。产生场曲的原因是影像的中心离镜头更近，而周边离镜头稍远。

图1.19（b）

1.2　选择照片的依据

　　在上一节提出了选择照片所要判断和鉴别的问题，而这一节对其进行归类。由于选择照片还与制作目的有关，制作目的又因人而异的，因此在后面的章节中，还会根据具体情况对制作的目的性进行逻辑分析。

1.2.1　调子完整性

　　在上一节，读者已经学习了三大调子，这里的调子完整性就是指照片的黑、白、灰三调子齐备清晰，读者就应该可以感受到一个一般规律，请仔细观察图 1.20。

　　人的头部就像一个球体，上面长着五官。光从斜上方照射到面部，最早接触光线的一般是鼻头，然后沿着鼻翼到下眼睑以及颧骨上面形成亮灰，而在逆着光线的鼻头下方，形成了暗面及投影。在高光结构下的暗面，也是由光形成暗面颜色最深的部分。图 1.19 是一个比较好的例子，图中人物受到来自于正面右上方的光，略微左转的面部受光就变得不均匀，左脸几乎全部受光，而右脸只有颧骨正面一带受光，这样需要阐述的两个问题就集中在了一张脸上。

　　左脸（右边部分）受到光直接照射，全面积受光，只有在转折剧烈的下颌骨才出现明暗交界线；而右脸（左边部分）由于偏离了光源不少，明暗交界线在颧骨侧面就出现了。

图1.20

经验总结

　　在选购相机时，推销员大多会推荐拥有二道火快门的相机。那么什么是二道火快门呢？可能很多读者都接触过，这类相机在按快门时，第一步是先按下快门钮的一半，第二步才是在确认后按到底，快门打开，拍摄完成。它能防止手振和减少按快门的时差，并能避免误碰快门钮造成浪费。

抛开五官不谈，整个面部就像是半个椭圆体，光如果在正面，那么可能左右两边面部都有明暗交界线或者都没有，如图1.21所示。只有光在45°这样的侧面才会出现图1.20的效果。

图1.21

五官也可以单独地当作独立个体来看待：鼻干就像是一个长长的矩形，鼻头就像接在它上边的圆球，延展开的鼻翼就像1/4个球体；嘴唇就像是一个倒扣的小舟，有着一个不算圆滑的弧度，中间宽两头窄；眼睛就是一个倒扣的半圆，藏在眉弓这个突起的下边。

脖子是接着头部的一个圆柱体，往往会有脸颊给的投影，而关于头发、眼睛、眉毛、嘴唇。它们都是有自己的固有色的，跟皮肤有很大区别，而且面积较少，不如使用面部皮肤覆盖面积来判断调子的完整性。

1.2.2　固有色纯度

固有色的纯度是指固有色区域含固有色的比例称为固有色的纯度，我们知道，固有色处于亮面，虽然是亮面受光源影响最小的区域，但是或多或少还是会受到影响，如果光源色对它的影响过大，大到改变了固有色的色相——意思就是变成了另外一种颜色。这样的情况是曝光过度产生的，或者光源本身很强，就算后期能够修复它的固有色，但这种情况下的调子也会缺失。

经验总结

在摄影棚里常常可以看到皱巴巴的锡箔反光板，为什么不做得平整光滑一些呢？这是因为锡箔反光太亮，所以用褶皱法使之反光散射柔和。作为替代方案，用白纸制作的反光板也能得到柔和的反光。笔者不推荐使用白漆刷白的反光板，因为其容易变黄而失去反光效果。

1.2.3　构图与后期制作难度

构图是一门学问，它融入了心理学与结构美学。这里所讲的构图，仅仅是一道门槛，主要是依靠结构美学进行判断，能否对其进行审美。这里审美的标准，单单指平面构成的审美，而与色彩无关。而构图都是围绕一个视觉重心，产生疏密、简繁、聚散等变化搭配而成为形式美——简而言之，就是要有衬托的对比。就如同只有红花而没有绿叶，看起来心里会有一种不舒服的感觉一样，绿叶无论是从色彩还是结构上都能与花产生对比从而达到衬托的目的。

那么在人像照片上是怎么体现的呢？前面阐述了根据产生动态的结构之间的连线实现构图，这种情况针对的是单一人体，如果有附属物、场景之类的呢？这样的情况就不需要考虑人体的构图，只需要考虑人体的美感，而构图则是把全图的所有元素一起作为构图的考虑范围。换句话说，构图应考虑全图。

从上面的讲解，读者应该可以领会到，构图与后期制作难度是密不可分的。人像摄影的构图与摄影师息息相关，特别是肖像拍摄，如果不把目标人物用来再造（比如加背景换场景），那么一个合格的摄影师的构图是可以供后期处理人员延用的。这种单纯以人为中心的拍摄，所有的构图都来自人物轮廓内部，可包括服饰、发型、肢体动作之间产生的对比。

后期制作难度一般也产生于如下两个方面。

1. 构图残缺使得后期再造产生难度，这种情况一般发生在照片不是为后期制作而拍的条件下。在没有选择的情况下，这类照片会产生很多局限性和难度。

2. 构图太过于平面，包括光产生的立体感很弱和人物姿态过于集中在一个平面这两种情况，这样的照片多作为人物形象特写，在特定的严肃环境下，如果用来后期制作空间层次，则显得呆板。

图1.22　　　　　　　　　　　　　　　　　　　　　　图1.23

1.2.4　图片解像度

图片解像度是专指位图的，可以描述为单位面积内含有单色色块的多少，解像度越高，单位面积所能表现的颜色层次就越丰富。这决定了图片的质量。下面来看看同一图像在不同解像度下的区别，如图 1.24 所示。

　　左图是在解像度 96dpi 下的效果，右图是 15dpi 的效果。最直观的感觉就是右边比较模糊，而对于模糊的照片，我们是没有办法在保证细节层次的情况下将它们变清晰的，一般出版物用到的解像度在 300dpi 左右，报纸要低一些，喷绘更低。通过这样的情况可以看出各行业对解像度要求的情况。

　　照片的解像度要求是比较高的，一般在 300dpi 以上，低了冲印出来就显得模糊而失真。

解像度：96dpi　　　　　　　　　　　解像度：15dpi

图1.24

1.3　摄影中的构图

　　构图，实际上是一个外来语，意译为构成、结构和联系。在中国画的理论中，它也称为"布局"、"章法"等。

　　构图是一切造型艺术的重要造型手段之一。摄影构图通俗地讲，就是为了表现摄影画面的主题思想，对画面上的人、物、陪体、环境作出恰当的、合理的、舒适的安排，并运用艺术技巧、技术等手段，强化或削弱画面的特定部分，最终达到使主题形象突出，主体和陪体之间的布局多样统一，照片画面疏密有致，以及结构均衡的艺术效果，使主题思想得到充分、完美的表现。这就是构图在摄影创作过程中的作用。而所有的后期技术都是为了强化这一目的，还可以通过裁剪和改变构图来突出不一样的主题。

每一个题材，不论平淡还是宏伟，严肃还是通俗，它都包含着视觉美点。当我们观察生活中的具体物象，比如人、树、房或花的时候，应该撇开它们的一般特征，而把它们看作是形态、线条、质地、明暗、颜色、用光和立体物的结合体。通过摄影者运用各种造型手段，在画面上生动、鲜明地表现出被摄物的形状、色彩、质感、立体感、动感和空间关系，使之符合人们的视觉规律。这样才会被观赏者所真切感受，取得满意的视觉效果——视觉美点。也就是说，构图要具有审美性。正如罗丹所说的，"美到处都有的，对于我们的眼睛，不是缺少美，而是缺少发现美"。

作为摄影者，要善于用眼睛博视大自然，并把这种视觉感受转移到照片画面上。但需要注意的是：构图不能成为目的本身，因为构图的基本任务是最大可能地阐明摄影者的构思。构图的目的应该是把构思中典型化了的人或景物加以强调、突出，从而舍弃那些一般的、表面的、烦琐的、次要的东西，并恰当地安排陪体，选择环境，使作品比现实生活更高、更强烈、更完善、更集中、更典型、更理想，以增强艺术效果。总的来说，就是把摄影者的思想情感传递给别人。

构图在产生形式美、突出主题物的同时，还会传达自身形式所反映出来的韵律：三角稳定；棱形对称具有装饰味道，等腰三角庄重等，如同颜色一样会带给人不同的感受。将其总结归纳如下，以供读者参考。

【正方形】：表示平等的关心和率直。

【三角形】：表示安全感、关心和极端。

【圆形】：表示团结、兴趣的连续和不间断的封闭运动。

【S形】：表示体贴关心、优雅、活泼。

总之，画面物体的不同形状以及它们在画面中呈现的不同构图形式，都会给观众心理产生不同的感受。我们在构图时要考虑到形状对构图的影响，善于发现一些妙趣横生、有意义的形状，并在画面上突出某一意义的形状，使画面更有感染力。

经验总结

装饰光的主要作用是打出眼神光，一般使用较小的灯作为光源。装饰光也可以用在其他光线达不到的地方，为细部加强亮度，表现出质感和轮廓。拍摄面部时，还可以用这种灯光消除人物面部的缺陷，比如让瘦削的面庞显得丰满一些等。

第2章　素描关系在区分照片层次上的运用

　　本章重点阐述了如何应用质感和素描关系的概念去区分照片的层次，解析了实际运用中所会碰到的一些问题和习惯处理手段，以及如何使用 Photoshop 调节工具使作品与实际的色彩、调子、层次一一对应。在 2.2.2 小节和 2.2.3 小节中首次引入了主、次关系：主即是最出彩或将要做得出彩的部分，次就是不如主出彩或有意削减一些因素让其衬托出主。良好的主次关系体现在任何一幅美丽的照片中，是非常重要的表现技法。

　　在本章后半部分，将本书中经常用到的 Photoshop 工具作了具体的原理和操作讲解，并将本书要采用到的例子进行了展示，让读者了解作者的制作思路及过程。

2.1 效果对比点评

本节通过原片及对应成稿的效果对比，让读者了解作者处理图像的思路。图 2.1 所示的照片没经过任何处理，属于比较常见的普通光线下拍摄的照片。

图2.1

先做个简单评价，谈谈选片的想法。这张照片是一个典型的面部写真，如图 2.1 所示，其轮廓基本都被遮蔽了，突出的是五官，那么脸部就是此图的视觉重心，主体物稍微偏右，左边较空，但有一个柱子遮蔽了部分肩膀，构图是一个三角构图。这张照片的主体是人物，重心集中在面部。

图 2.2 框示的蓝色区，也是人物主色区，排除掉蓬松的头发部分，主体人物是一个典型的三角构图，头颈肩的轻微动态同样影响到构图。另外，图 2.3 显示了图像的色彩明度，重色主要集中在头发以及背后天花板，下面的肩部一线显得有些浅，有些许头重脚轻的感觉，我们处理的方式将按照常规手段，采用稍深的装饰花纹对下面加重协调。

经验总结

平时我们使用的相机大多是镀了增透膜的镜头，所以反光比较少，镜头看起来是淡紫色的。而那种没有镀膜的镜头，因为反光比较多，看起来泛着白光，所以又称为白头。

感光度表示的是感光材料感光的快慢程度。感光度的单位用"度"或"定"来表示，如"ISO100/21"表示感光度为 100 度/21 定的胶卷。感光度越高的胶片越灵敏，所需要的光线越少，可以使用更高的快门或更小的光圈。

图2.2

图2.3

▶ 1.色彩

图 2.4 确定了照片的基本调子，偏绿的柱子墙面和外套，头发皮肤呈现出黄色的基调且高凝聚力，绿调的部分则分布散且饱和度低。人物与背景的区分非常明显；色调方面由于黄色与绿色是临近色——色环上相邻的两种颜色，使得人物缺乏视觉冲击力（因为临近色搭配就是最融合的色彩搭配），为了突出人物形象，后面将采用其他对比强烈的色彩搭配。

图2.4

▶ 2.调子

在第 1 章介绍了照片的五大调子一定要齐全，这是处理不出来的，也是摄影的前期工作。如果将照片的色域压缩一下，视觉上更能直观地分辨层次，如图 2.5 所示。

暗面

明暗交界线
高光
亮灰
固有色
反光

图2.5

笔者针对性地进行了如下的后期处理工作：

1. 手部深红色花形与原有的重色头发形成了同明度的疏密对比，同时又不影响原有的细节（头部大面积的皮肤与头发和衬衫、外套、手等小面积元素形成的体块的聚散疏密的关系），显得比较自然。

2. 由于深红色的明度大大低于皮肤以及服装，减弱了头重脚轻的效果。

3. 手部的瑕疵已经修复，看起来更自然。

4. 黄绿邻近色调变成了红蓝冲突色对比，十分不融合的蓝红二色互相突出对方，使人物显得鲜明。

5. 整体饱和度下降，对比度上调，使得这些红蓝对比集中在关键部分，让调性更加明显。

6. 头发只保留了亮的少部分质感，将视觉中心集中在面部。

7. 增加了一些点缀，如：提升嘴唇的饱和度，加强了皮肤和衣物之间的环境反光，后期加强眼线、祛除眼袋等。

图2.6就是按照前面的思路处理后的效果。

经验总结

总结一下，在进行后期处理前，要进行3步策划工作：通过五大调子筛选图片，计划构图和确定色调。

经验总结

各种不同的光所含的不同色素称为"色温"，色温的单位为"K"（开尔文）。我们通常所用的日光型彩色胶片适用的色温为5400K～5600K；灯光型A型、B型适用的色温分别为3400K和3200K。例如，中午的日光的色温大约是5500K，闪光灯的色温约为5600K，蔚蓝的天空的色温大约为20000K，100瓦普通灯泡的光的色温大约为2600K。

图2.6

2.2 处理调节时的依据

2.2.1 质感和素描

▶ 1.什么是质感

理论上讲，质感就是光通过物质表面反射在人的视网膜上，人所感受到的不同信号。

不同质感的东西通过光反射就会有不同的渐变规律、对比度差异。例如玻璃、不锈钢一类物质的表面很光滑，能很明显地分辨出黑白灰的调子，哪里是高光，哪里是暗面，都过渡得很生硬。但是，虽然它们同为光滑材质，肉眼却能轻易分辨出什么是不锈钢，什么是玻璃。这是因为玻璃是透明的，会产生很多折射，看上去光点斑斓。而不锈钢不具有这样的属性。综上所述，质感是由光、表面特性和透光性能来决定的。

▶ 2.什么是素描

素描是用黑白灰表现对象的绘画手段，素描关系也就是黑白灰的关系，如图2.7所示。读者可以回顾一下第1章的相关介绍。

质感所体现的差异在美术上来说是单纯的对比度差异，但还有一类，上面提到的表面特性包括表面的渐变规律和特殊的肌理。比如皮肤，它的素描关系分布跟普通的布匹很接近，但我们可以轻易地区别它们，这源于皮肤的特殊肌理——平均分布的毛孔。例如，写实油画可以将人物表现得惟妙惟肖，但人眼还是一下就

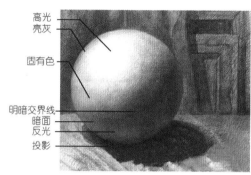

高光
亮灰

固有色

明暗交界线
暗面
反光

投影

图2.7

能分辨出这是画，而不是站在框后的人，这就是因为他们肌理不同。同样，在进行照片后期工作的时候，一定要将源片备份，通过各种工具处理粗糙皮肤的时候，破坏的肌理是无法通过电脑技术复原的。不过，Photoshop有独特的历史记录画笔可以让使用者进行复原，但复原后施加在其他皮肤上的效果就会出现脱节。所以在进行处理之前就应该计划一下处理到哪种程度，保留多少肌理，如何用力才不容易出错。

2.2.2 黑白灰比例

黑白灰比例在第1章已经讲过，它是不可逆的。也就是说，各层次的覆盖面是不可后期增加的，虽然可以调节，但只能单纯地增加黑白而已，显现的效果很劣质。这个比例也会根据片子的服务性质和艺术工作者的个人风格而显得不尽相同。下面，选择一些经常会看到的成熟客片、商业片来进行介绍。

一般来讲，客片（为个人拍摄照片，相当于个人写真）偏向于处理白灰比例，创作成分其次，如图2.8所示。而商业片（为商业机构拍摄的照片，常用于形象宣传）则由于涉及方面太广，表达元素众多，所以创作成分居多，包括色彩暗示、色组合暗示等。商业片中，有一个区别于客

片很重要的因素是：商业片都是作为一个元素而准备进行再创作的，而客片本身就是主体。如图 2.9 所示，读者都能分辨出它是一张照片，但经过后期的处理，原有的色泽都被替换了。

图2.8

经验总结

　　曝光是光到达胶片表面使胶片感光的过程。需要注意的是，本书说的曝光是指胶片感光，这是我们要得到照片所必须经过的一个过程。这和非专业人士所说的"曝光"大不相同，他们所说的"曝光"是指因相机漏光导致胶卷作废的意外事故。

图2.9

2.2.3 根据处理的主次决定比例

从另外一个角度来审视人像后期处理的规律，那就是完全按照艺术工作者的意图来进行处理，无论商业片还是客片，都是带有艺术工作者的意图的。

在面对一张原片的时候，根据作者的意图，侧重于体现某一部分的美感。人像一般都集中在脸部，也有客片集中在服装，用来展现自己的品牌，忽略人物面部特征，而只保留动态。

如图 2.10 所示，读者在第 1 章也看到过这张后期处理过的照片，它在处理时将躯干部分逐渐融于背景中，使观察者的视觉重心自然地移到了面部。

这种后期处理方法是一种很明显的视觉暗示。红、深灰的搭配显得严谨而不失活泼，大中型企业、银行，特别是保险业等常采用这样的色调搭配，传递一种沉稳、值得信赖而不死板的气息。

读者还可以发现：处于视觉重心外的躯干色调很单一，层次也很少，而处于视觉重心的面部，五大调子则可以很明显地分辨出来。

图2.10

2.2.4 根据处理的目的决定比例

在后期工作开始之前，可能会有一些来自客户的主观要求，客户的要求自然成为了主要的思考方向，剩下的次要部分都是间接或直接为主题服务的。通过目的再反推需要进行处理的手段和方法。这必须是在熟悉各种处理手段，成竹在胸的条件下的一种逆向思维。

这种方式一般用于商业片。前面讲过，商业片的成品往往也只是一个元素，还需要用于再创作，摄影的后期只是其中一个环节。这种过程往往都是逆向的，先由策划小组商定出一个大概的形象，然后绘制一个草图，需要摄影师及后期工作者完成的就分开交由他们制作完成，最后再交还给创作小组完成剩下的电脑艺术工作。

下面来分析这几张世界知名大师创作的商业片。

图 2.11 着重完成了一个脸部特写，而后进行了大量的再创作，创作的目的性延伸到拍摄角度、光源方向及黑白灰比例。

图 2.12 更是围绕面部的高光利用各种元素在周围以同色调烘托出一种渐变，引领观察者的视线从烦琐难辨重色的围绕元素逐渐移动到整体可辨的面部。这是一种视觉诱导，与黑夜中远远看到微弱的灯光继而摸索靠近如出一辙。那么它的特点可以总结为：由烦琐不清到浑然一体、清晰可辨；由暗到纯再到亮，后者是典型的三大调子诱导，前者是光的规律在人脑中长期形成的意识的诱导。

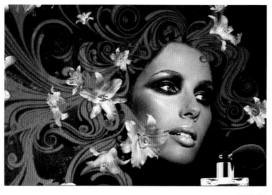

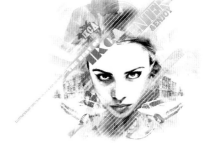

图2.11

图2.12

图 2.13 左边的原片并不怎么出彩，后期处理的创作者就像孩子一样可爱，通过各种古灵精怪充满灵性的结构和花纹烘托出安静的少女五彩缤纷的情感。右边两幅手机广告采用了高精度拍摄，全局精细处理：具有特色的皮肤质感，一种享受的情绪，时尚的多功能矢量动态组图。这些都完全由图像说明。这种由平光拍摄的图片配合全局化的精细处理，刚好与手机的小而精致形成了一种共鸣。

不光是商业片，很多客片也是如此，健康的肤色、和谐的质感都是具有美感的。

经验总结

在同一拍摄环境中往往可以使用不同的光圈和快门的组合，这样的组合又叫曝光组合。比如，F5.6、1/30 秒这个曝光组合也可用 F4、1/60 秒的曝光组合代替，也可用 F2.8、1/125 秒的曝光组合代替，这几个组合是等效的。特别要注意的是，虽然这几个曝光组合是等效的，但不同组合所获得的景深是不同的，读者可以试验一下各种组合得到的景深。

图2.13

2.2.5　调节的注意事项

下面介绍一下本章后面内容将要用到的一些重要的 Photoshop 调节工具及调节注意事项。

【色阶】：调整色阶即是进行调子的调节，它可以改变黑白灰 3 种调子的互相比例，也能改变它们的范围，唯一要注意的是调节度，当增加某一个层次的色域时，增加的部分由电脑计算，得到的效果可能粗糙而不自然。所以，在进行色阶调节前，需要人为地将色域减少，这使得调节中间灰调不至于超出固有范围而显得失真。

【色相/饱和度】：色相即固有色，如果皮肤太黄，可以把色相条向左移动一点，使它带点红色。这个工具相当简单而易于使用，但需要注意的是，必须配合饱和度和亮度才能调节出变化丰富的色彩，色相只能改变颜色。跟绘画一样，很多时候，创作者需要不断地放大、缩小图片来确认这次调节是否达到目的。另外，在"色相/饱和度"对话框的下拉菜单中还可以选择单一的颜色来进行调节。

【色彩平衡】：如果说色相/饱和度是用来调节局部或者单一颜色的话，那么色彩平衡就是用来调节全局颜色的。正如它的名字，增加一种颜色，就会减少另外一种颜色。没有美术功底的人可能比较茫然，但对数字艺术工作者来说，这是一个福音。例如，照片画面是一个红绿补色调子，但如果想让它能含蓄地表现一点偏古典的中性黄色调，只需要把红黄杆稍微向黄那边移动一点点，再把绿黄杆向黄色那边移动一点点就行了；很难找到第二个工具能这么简单地完成这项工作。

2.3　实际调节示例

通过前面的分析和讲解，读者应该已经学会了理论和实际该如何结合。下面讲解本章的实例，调节可以不分先后次序。由于是本书的第一个实例，本章的处理将会使用到很多后续章节的知识，所以，本章给出的实际是一个对这幅照片进行后期处理的"索引"。读者可以通过本例先总体概览一下这些知识，具体的调节处理方法，将在以后的章节中，循序向读者展示和讲解。

2.3.1　色阶调节

色阶就是灰度的色域，记录了图片的最深的暗部到最亮的明部之间的黑白饱和度信息，移动色阶工具黑或白任何一个条，都将压缩色阶的范围；移动灰色条，就会改变黑白之间的平衡比例。

用 Photoshop 打开原片，单击"图像"→"调整"→"色阶"命令，弹出"色阶"对话框，如图 2.14 所示。

 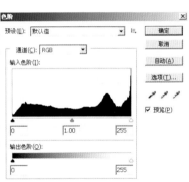

图2.14

将黑、白向中间移动，降低色域。调子范围减少后的效果如图 2.15 所示，比较图 2.14，现在照片的对比度明显增高。

 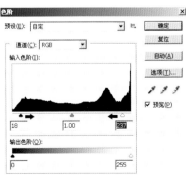

图2.15

2.3.2 色彩平衡调节

色彩平衡可以让用户在绘画过程中弥补因为色调把握不熟练造成的调性不明确。而且，操作也很简单。虽然该照片主体是在冷光源（日光）下拍摄的，但是由于环境因素，效果不明显，很不好分辨。通过色彩平衡，可以将其强化，给大家更明确、更强烈的色彩冲击感。

单击"图像"→"调整"→"色彩平衡"命令，如图 2.16 所示，通过将原图所有暖色都向冷色或者中性色靠拢来强调调性，得到的结果一眼就能确定是处于冷光下的。不过读者应该学会不要过度调节，避免产生不真实的效果。

图2.16

将所有中性色向暖色和中性色移动，就可以产生很自然的暖色调，如图 2.17 所示。

图2.17

2.3.3　饱和度调节

饱和度的基本概念前面已经介绍过了，单位面积里含某种颜色的多少称为这种颜色的饱和度。某种颜色的饱和度越高，就越鲜艳。图 2.17 的偏冷调整确定了整图调性偏蓝绿，如果在色彩调节（包含色彩平衡、色阶等手段）后，感觉画面颜色太过艳丽刺眼，可使用"色相/饱和度"进行色相的更改和饱和度的调节。

单击"图像"→"调整"→"色相/饱和度"命令（快捷键是 Ctrl+U），打开调节面板，如图 2.18 所示。由于色彩平衡调节将所有可能偏冷的颜色都进行了偏冷的调节，致使整个照片的色调转变为蓝绿调，因此，在进行色相/饱和度调节的时候，全图调节和单独调节蓝色绿色的效果差异不大。饱和度为 −44 不容易说明问题，主要原则在于降低饱和度使之看起来更自然一点，同时又能保持眼睛能分辨其色调就可以了。

图2.18

2.3.4　磨皮

磨皮使用的工具是图章工具，具体用法和经验将在第 3 章和第 8 章详细讲解，处理后的效果如图 2.19 所示。

图2.19

经验总结

在 Photoshop CS4 中调节颜色，参数面板的滑条上能直观地看到颜色预览，这个小小的改动，能使用户在实际操作中更加准确和直观地调节需要的颜色。

2.3.5　再次进行色彩平衡调节

与 2.3.4 小节相呼应的是：根据图 2.19 磨皮的最终效果，还需要再次进行色彩平衡调节，如图 2.20 所示。

图2.20

2.3.6　去疵

首先要了解一下疵的概念，疵不属于一般成分，比如：皮肤上的痣、疤痕、色斑等破坏色彩连贯及平滑的东西。从色彩概念上将一切不属于同类物通有的与周围色彩对比度高的东西就属于瑕疵。例图上人物的手部有一块疤痕，嘴唇的右上角有一颗比较明显的黑痣，如图 2.21 所示。

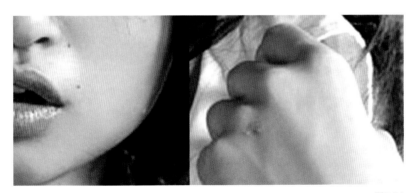

图2.21

▶▶ **1.去除脸部黑痣** ────

使用修补工具 ，来去除瑕疵，修补工具的原理是选择要修补的区域，然后将要修补的区域拖动到将要置换的区域上面，就完成了修补，如图 2.22 所示。

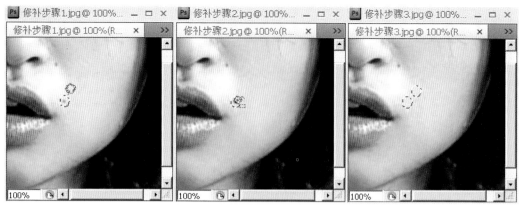

图2.22

经验总结

在框选瑕疵的时候，最好以刚好圈住瑕疵为准，这样在一些狭窄的地方也比较便于操作，框选到太多不必要的部分容易使最终的效果给人不自然的感觉。

值得注意的是通过图例无法看明白的关键部分：置换区域的选择。选择置换区域是比较考验处理者的地方之一。不同基础的人可以有不同的处理手段。

1. 无美术基础及结构基础者，凭颜色区分置换区域。

2. 有美术基础及结构基础者，凭瑕疵所处调子及结构区域在同区域进行置换。

失败的修补反而会破坏照片的整体观感，如图 2.23 所示。

这一例失败的修补是将瑕疵所处调子（亮灰）区域用左上方的高光带的颜色来置换，这就使得原有的瑕疵没有了，但是在亮灰面又出现了一块对比高的白斑瑕疵。

图2.23

▶ **2.去除手部疤痕**

接下来看看手上的疤痕处理，如图 2.24。

区分出手部的层次，一切就好办了，图 2.25 的光源由右边来，调子也由右到左分布开来，瑕疵所在位置位于暗面（绿色框内区域），因此置换区域也应该在暗面内选择，并且置换区域与光源的距离应与瑕疵距光源距离差不多，如图 2.25 所示。

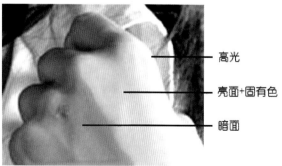

高光

亮面+固有色

暗面

图2.24

图2.25

右上的黄点是光源方向，那么半透明黄色带（和瑕疵位置到光源距离相等部分）与暗面的交集就是最佳置换选择区域。瑕疵修复后的效果如图 2.26 所示。

图2.26

2.3.7　液化

液化工具在图像变形方面的作用非常大，使用起来也十分方便。但也不应盲目使用，特别是在对人物外轮廓进行修整的时候，必须同人物骨骼结构结合起来，若随意修改，轻则产生不真实感，重则就如同整形失败，不过在 Photoshop 中所有过程是可逆的，只要掌握了修形的方法，成功和熟练只是时间问题，修形后的效果如图 2.27 所示。接下来，笔者就根据图 2.26 对比地讲解一下做了哪些处理。

图2.27

在图 2.26 中，读者可以注意到这个人物的脸部结构有较大审美问题：第一是下颌骨稍微显得有些倾斜；第二是脸颊比较宽阔。所以在液化处理这个步骤中，笔者主要进行了这两个方面的修正。

液化可以看做是 Photoshop 的一个小插件，因为它具有自己的单独界面。可以通过"滤镜"→"液化"找到，单击后弹出专有的液化工作面板，所有的操作在这里进行，如图 2.28 所示。

工具栏在左上角，此例使用的工具仅仅是向前变形工具 ∅。右边的是各种参数面板，在这里液化工作完成后，点右上角的"确认"按钮完成改变同时退出到 Photoshop 基本界面。

经验总结

向前变形工具是必须掌握的修形工具，根据要变形部分的弧度选择合适的笔触，并逐渐练习掌握笔触的特性：越靠近笔触圆心的地方，越接近直线移动；越远离圆心的地方，改变出来的弧度越大。

经验总结

有些读者喜欢拍摄夜景或是弱光效果，当光圈为 16 时，以 ISO100 的胶片为例，笔者建议的曝光量如下所示：

城市夜景，120 秒

太阳刚下山时的弱光景，1/4 秒

车辆灯光轨迹，30 秒

空中焰火，30 秒

泛光灯照射下的建筑物，15 秒

户外灯光，15 秒

亮灯的商场橱窗，1 秒

篝火火光，2 秒

游乐场，15 秒

月光下的风景，30 秒

薄雾时分的风景，30 秒

室内家居，8 秒

图2.28

2.3.8 装饰花纹

装饰花纹前面说到了，起初的设想是为了弥补头重脚轻的感觉，那么这个装饰花纹就带有目的性，而非盲目的装饰。它既不是随便的点缀，也不是单纯地依靠色彩搭配知识进行的添加，而是包含了色彩搭配知识的同时还要注意人物与花纹的协调性，如图 2.29 所示。

图2.29

新增花纹的目的：减轻头重脚轻的感觉，为图像下面部分增加重色；提供与头部大面积重色的对比，以及花纹与人物结合的自然性（感觉像是手部的文身及延伸一样）。这个花纹只使用了一部分，实际如图 2.30 所示。

使用的时候对其进行旋转移动，只看得见右上角那一部分。实际上在做这张例图的时候还进行了一些实验，原本增加的花纹更多，但最后没有选取，如图 2.31、图 2.32 和图 2.33 所示。

由于添加了这些花纹影响了整体繁简对比效果及视觉重心，最后没有采用。

图2.30

图2.31

图2.32

图2.33

2.3.9 模糊和图层叠加方式

模糊和图层叠加方式这个标题，仅仅是使用 Photoshop 技术的概括，互联网上有很多这类的例子，基本是以几分钟搞定靓照一类的名称。事实上，照片的基础处理就是前面的色阶、去疵、磨皮、液化；而后期装饰则属于高级的美化。这一节的方法是很常用的手段，但不同的处理者做出来的效果不尽相同，也属于比较灵活的手段，主要在于参数的控制，后面我们会详细讲到。

这一节的效果也就是前面我们给出来的最后效果，它不代表着做完，也不代表没完，这只是一种效果。

将图 2.33 复制一层，如图 2.34 所示，可以通过将背景层拖动到右下角的新建图层标记上或用鼠标右键单击图层面板中的背景层，选择复制图层来完成图层复制。

接着对复制图层进行"滤镜"→"模糊"→"高斯模糊"，如图 2.35 所示。

图2.34　　　　　　　　　　　　图2.35

　　笔者为什么要使用高斯模糊而不使用其他模糊，可能会在很多人心中产生疑问。其实使用高斯模糊关键有两点：第一参数调节简单，只有一个调节项，容易上手；第二则是高斯模糊带来的效果是非常均匀的，它是不会产生任何纹理的模糊方式。

　　然后，对模糊的图层与原始图层选择图层叠加方式，这样就得到了全局平均的模糊。当然，其他很多模糊也能全局使用，但没有高斯模糊容易上手，模糊后的效果如图 2.36 所示。

　　模糊完成后，保持选定复制图层，调节图层叠加方式为"滤色"，如图 2.37 所示，结果如图 2.38所示。

图2.36

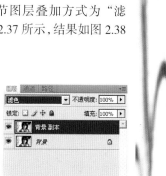

图2.37

图2.38

　　这里需要讲解一下图层叠加方式，不同的方式可以产生不同的效果，具体的效果可以反复尝试，了解叠加的后台计算方式并不能有机地将产生的效果与之结合，只有产生的效果是一目了然的。而选择图层的叠加方式是针对当前选定的图层向下叠加来对待的。比如：选择例图里的背景层，无论选择什么样的叠加方式，都不会影响到背景层以及位于背景层上面的图层。

　　下面列举一些其他样式的图层叠加方式，如图2.39~ 图2.42所示。

👉【线性光混合】

图2.39

👉【叠加混合】

图2.40

经验总结

　　人物拍摄要素：位置

　　对人物进行拍摄，首先要考虑到的就是拍摄位置。可以选择一个点作为简单的中间色调背景，树叶、草或是大海都可以。如果想让肤色变暗一些，可以找到一个类似颜色的背景，使人物的脸部光线保持明亮，保持背景的简单，将图案、形状和颜色降低到最小化，当然也可以将带有特殊意义的物体作为背景。

◆【变亮混合】

图2.41

◆【强光混合】

图2.42

经验总结

人物拍摄要素：光线

尽量让太阳位于拍摄者的身后，但如果太阳光很亮，则让人物处于阴凉处，因为刺眼的直射光线会让人物的脸部看起来过度偏白、不自然。如果阴凉处的光线又有些暗，则可以使用闪光灯来增亮脸部的光线。

一般来说，最佳的拍摄时间是在下午，这时的光线柔和，呈金黄色。有条件的读者可以在 SLR 相机上加上一个 81B 或 C 滤色镜，这样在上午也可以得到同样的效果。

当不得不进行逆光拍摄时，读者可以尽量在拍摄时发挥自己的创意。比如，利用光线透过人物的头发产生的光晕现象。

在进行户内拍摄时，闪光灯的光线应远离墙壁或是天花板，这样可以得到更为自然的光线，避免人物红眼的产生。

通过本章的学习，读者应该大致了解到后期处理的基本知识点，以及一些将会接触到的 Photoshop 技法。后面的章节中，笔者还会针对 Photoshop 难点进行专门的讲解。

第3章　磨皮处理

　　磨皮并不是绝对的无害，它是一把双刃剑，必须控制它的使用尺度，如果教条式地使用它，必定形成千篇一律的呆板、毫无特色的结果。磨皮并不是专用术语，本书中，它的意思是削弱粗糙皮肤的质感并降低它们的对比度，使之看起来更加光滑细腻。

　　本章是全书的第一个知识难点，也是学习影后（摄影后期处理）必须攻克和熟练掌握的一个技术。本章分为 4 节，运用较多的例子和示意图由浅入深地剖析磨皮的技术以及展示各种可能面临的难题，在最后的第 4 节，还安排了一些快捷的"磨皮"方式，提供应急的手段，但没有正统的磨皮方式对原作品的保留程度强，质感也欠佳。

"如果你选择磨皮，那么你将损失质感，磨皮的程度是一个天平，损失一部分的质感来获得美感，每个人的天平都不尽相同。"

——笔者语

3.1 磨皮效果对比点评

拿到一张原片，处理者就需要做出判断：是否需要磨皮？如果需要，磨到什么程度？是局部还是全局？由于处理者的审美和对质感的要求，所以就形成了各自风格的一部分。下面来看一组照片，如图 3.1 所示。

经验总结

图 3.1 中的磨皮同时还完成了去疵的效果，去除了面部的红斑。对于这种散布在面部的红斑可以采取图章工具均匀磨皮，红色会保留下来，并使肤色显得健康；假若是深色斑则需要将其选择出来，调节成与皮肤颜色一致后再进行磨皮。

图3.1

根据图片处理前（左图）、处理后（右图）对比来看，可以直观地看到右图的皮肤感觉要好一些，左图的红斑都给磨掉了，再来看另外一组图片，如图 3.2 所示。

图 3.2 这一组就更明显了，左图脸部的皮肤显得比较粗糙，处理后的效果不言而喻。在学习使用磨皮技术之前，必须要了解的就是它的工作原理。首先要了解的一个概念是位图，其次是对比度，了解了这两个概念后，学习过程就容易多了。

图3.2

3.1.1 位图

位图，这也是学习使用 Photoshop 一类位图图像软件的人首先要了解的概念，它也被称为点阵图、栅格图像、像素图。

位图就是最小单位由像素构成的图，缩放位图会产生失真。每个像素都有自己的颜色信息，在对位图图像进行编辑操作的时候，可操作的对象是每个像素。通过对像素的操作，可以改变图像的色相、饱和度、明度，从而改变图像的显示效果。

常用的位图文件的格式有：JPG，TIF，BMP，GIF 等。不过，尽管位图色彩变化丰富，编辑上可以改变任何形状区域的色彩显示效果，但位图对轮廓的修改却不是很方便，而且，要实现效果越复杂的图像，需要的像素数越多，图像文件的大小（长宽）和体积（存储空间）就越大。

在 Photoshop 中，操作者可以轻易地将位图多倍放大，到最后，你就会发现图像显现为一个一个的小方框，每个小方框的颜色都是单一的。例如，笔者放大了图 3.3 的图示部位，放大后的效果如图 3.4 所示。这些单一颜色的小方框就是被称为像素的东西，位图图像也就是由这些小方框构成的。在实际操作中，选择一片区域来进行图像处理，实际就是同时处理这个区域的所有像素。由此可见，Photoshop 给出的笔头都是用像素来分类调节的。

图3.3

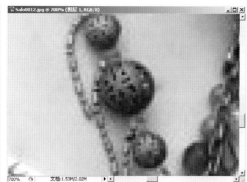

图3.4

3.1.2 对比度

对比度这个概念也是非常基础的，对比度的应用领域非常广泛，本书只讲解它在图像处理上的应用。

对比度在这里包含有两个概念：一个是色环，一个是明度。既然有对比，那就必定是两个或以上的单位在进行比对。照片中的图像都是由各种不同的颜色组成，所讲的对比都是颜色之间的对比：明度对比和色彩对比。明度和色彩差异越大，对比度就越大。

色环如图 3.5 所示。对比度最高的色彩就是色环上相对的两种颜色，最低就是相邻两种颜色。当然，这里是针对图 3.5 所示的 24 色环来说的。

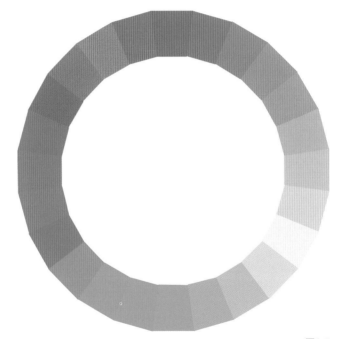

图3.5

明度说穿了就是黑白两种颜色的对比。当达到最高对比度的时候，就是黑与白的对比；不到最高的时候，就是黑或白与黑白调和的灰产生的对比。

前面已经说过，磨皮就是要削弱对比。在工具上，可以利用图章工具，制定一个复制基础点，通过降低图章工具的不透明度，在复制基础点周围很近的地方单击增加若干半透明的以复制基础点为中心的复制图像来填充从而减弱对比，使原本看起来粗糙的皮肤由于增加了间色而显得光滑。当然，完成一次成功的磨皮还需要若干细小的知识点，一个比较重要的知识点就是人体骨骼结构，在后面会详细讲到。

图3.6

 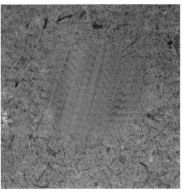

图3.7　　　　　　　　　　　　　　　　图3.8

3.2　磨皮处理的依据

本节将尽可能利用原片与磨皮后的效果进行实际对比，帮助读者尽快掌握和利用上一节的原理，并按照实际工作中可能的情况为读者总结注意事项。

3.2.1　磨皮处理的原则

磨皮是基于位图通过改变对比度来完成的，工具主要使用 Photoshop 的图章工具。有些读者可能会笑了：多简单的工具啊，真的能做出那么好看的效果？的确是这个工具，不过读者应该首先搞懂下面这些独立的小课题：

1. 如何在要磨皮的区域定制复制基础点。
2. 定制好基础点后如何移动工具。
3. 如何掌握工具笔触大小调节的规律。

一个优秀的后期处理者是不可能在皮肤上随便定一个复制基础点，然后就开始复制或在周围涂抹的。这样处理的结果很可能就是磨成一块平面，失去了明暗调子以及结构，这一点跟化妆非常类似——讲究的是位置和功用。眼影是强化眼睛结构的，不会用在鼻子上；腮红是塑造脸部结构的，需要根据面部的实际情况来选择颜色和涂抹结构。磨皮也是这样，虽然照片的人物可能已经画过妆，不需要处理者去添加什么东西，但处理者也千万不能去破坏人物的妆容，也可以说是结构。处理者唯一要做的就是使皮肤变得细腻。

▶ 1.合理使用仿制图章工具

仿制图章工具的图标是 ，初学者注意区分图案图章工具 ，它们在工具面板上共用一个位置，快捷键都是 S。

图章参数需要调节的只有两个部分，一个就是不透明度，上边已经详细说明了，另一个就是画笔的参数设定，找到参数面板上的 ，单击右边的三角形下拉菜单，弹出如图 3.9 所示的样式选单，在下面的笔头样式选择面板

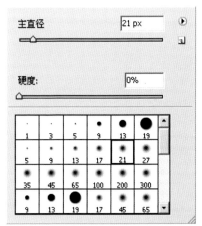

图3.9

中选择喷枪柔边或柔角，任意像素大小，上边的主直径和硬度参数不需要调节。在实际操作中可使用快捷键"["来缩小、"]"来放大笔头的大小。特别需要注意的是，当输入法处于激活状态，快捷键不会起作用。使用柔角和喷枪样式笔头的作用是制造柔和的过渡，避免在皮肤上留下笔触的痕迹。

▶▶ **2.恰当划分工作区域**

在磨皮处理中，经常会改变笔触的大小，这些改变都是有依据的，一般来说，光产生的调子面积决定了笔触的大小，或者说是笔触的上限。

如图3.10所示，在强烈的日光下，人物面部呈现出来的结构转折非常明显，调子之间的对比也很强烈，一般处理手法是将面部视为一个球体的一面，排除起伏较大的五官来进行粗略的安排。图3.10里的明暗交界线从颧骨到嘴角把明暗两部分区分开，高光在鼻头，固有色贴着明暗交界线，亮灰挨着固有色，其分布如图3.11所示。同种颜色的圈代表一次性的磨皮工作，天蓝色的圈是固有色部分的磨皮工作，柠檬黄的圈是暗面的磨皮工作，草绿的圈是亮灰的磨皮工作（由于额头的位置高出面部，因此接触光线比面部早而形成亮灰）。同色圈的连线可以代表笔触的运动方向。

▶▶ **3.按需放大工作区域**

需要做出比较精确磨皮的时候，就常常需要放大工作区，面部调节就需要放大五官附近，假设眉眼之间的皮肤很粗糙，有很多颗粒，而且眉眼之间的宽度是有变化的，那就毫不犹豫地放大，细心地一点一点处理。处于眉毛和眼睛边缘的皮肤不是很容易处理到，并且光标在显示器上移动的像素是有最小限制的，当最小移动距离让我们觉得无法满足时，能做的只有放大图像。

经验总结

人物拍摄要素：给照片添加情趣。

读者可以用很多方法在照片上添加一些有趣或是特殊的效果。比如，可以将相机旋转30°拍摄，使人物看起来好像处于一个很危险的角度；或是使用广角镜头来扭曲人物的脸部等。

图3.10

图3.11

▶ 4.准确判断磨皮位的调子

　　如果将固有色的调子覆盖到了亮灰部分，那么就改变了光的强度；当把固有色的调子覆盖了明暗交界线或者一部分暗调，那么就改变了对象的结构。假如这些错误只犯了一点点，就会显得很不自然，但这不是绝对的错误，当有目地去覆盖，就能创造美感。比如目标人物的口轮紫肌很厚实，很影响美感，那么就可以用旁边的固有色去覆盖一部分，削弱它的亮灰使之看起来不那么突兀，如果明暗交界线穿过口轮紫肌，还得专门分亮部和暗部两部分来覆盖，不能用亮部的固有色去覆盖暗部的部分，图3.12展示了一例。

图3.12

　　将高光（鼻梁）的亮色向亮灰（颧骨上方）覆盖，将亮灰向固有色（左脸颊）覆盖，削弱原本处于颧骨上方突兀的肌肉结构，使得整个调子的亮灰面扩大，看起来对比更强一些，同时脸部更光滑一些，再看下一例，如图3.13所示。

　　磨皮前（左图），右上方的光线使右眼角到右唇角连线左面一带都处于半背光状态，而右鼻翼右面这小三角区域刚好是颧骨背光最严重的区域（来自右上方的光产生左下方的阴影），而右图磨皮处理后这一片小三角区域被削弱了，看起来仿佛原本颧骨突起形成的半弧线面几乎看不到了，只有整个右边脸颊的一个整体弧线而使人物看起来不太自然。原因是亮面的部分覆盖了一部分明暗交界线，被削弱的颧骨阴影与口轮紫肌阴影（嘴角的阴影）会产生嘴角的突起要高过颧骨的错觉。

经验总结

　　人物拍摄要素：运动着的人物。

　　如果读者要拍摄的是正在运动的人物，（比如说一个骑自行车的人），你可以故意模糊图像背景来强调速度。如果你用的是 SLR 相机，可以使用中等的慢快门速度 (1/60s)来达到目的。

图3.13

▶ 5.根据需要缩放笔触

在一个调子上进行磨皮的过程中，处理结构转折或结构狭窄的位置时，要反复地改变笔触大小。虽然说笔触的透明度不高，覆盖到别的调子一两次效果不明显，但这些过程会慢慢削弱照片的对比度，如果在同一受光背光面的不同调子之间，为了转折平滑，可以适当使用这种方法。

▶ 6.笔触移动规律

盯着鼠标点过的位置，时刻注意改变给全图带来的影响，不要盲目单击。这与绘画十分相似，不过在此是注意改变是否破坏了大调子，为了磨出细节丰富的调子，即使在给一个调子做磨皮工作时也会频繁地更换复制源，有一个公式可以用来限制磨皮的破坏性，假设笔触的半径为r，那么移动的笔触圆心到复制源外沿的距离小于r，也就是说复制源的圆心到复制点的笔触圆心距离小于笔触的直径。假设复制源的圆心到复制点的笔触圆心为x，那么$r<x<2r$，当笔触越大的时候，x应该越接近r，当笔触越小的时候越x接近$2r$，如图3.14所示。

经验总结

磨皮公式$r<x<2r$不是绝对的，当皮肤较好或者要做更细致的磨皮时，x也可以是在$0 \sim r$之间移动，这种情况下，如果笔触太小，效果会很不明显。

复制笔触圆心的移动范围

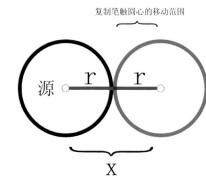

图3.14

了解了这个公式的好处，就算不懂人体结构，不懂三大调子，磨皮都不会出现破坏结构和调子的问题。

▶ **7.避免复制过头**

当处理对比强烈的边缘，如皮肤与头发时，请注意鼠标的运动方向和移动范围，一不小心就会将皮肤复制到头发上，一般来说从皮肤中心向边缘移动比较好，顺着弧线边沿移动范围稍微大就会复制过头，如图 3.15 所示的右脸部分就有比较明显的复制过头痕迹。

右脸边缘由于移动范围过大造成将面部皮肤盖到了头发上，形成了不真实的发光边缘，就算是很熟练的后期工作者，也有可能不小心犯这个错误。

在后期处理时，对于与皮肤对比度不高的眼袋、嘴角、脸颊来说，复制皮肤进行覆盖是常用的方法，但要注意用来复制的源与要覆盖的部分是在同一个调子或附近。对于眼白上的瑕疵来说，也可以使用磨皮的手段来进行去斑。

最后，笔者再次提醒读者，并不是任何照片都需要磨皮，这取决于后期制作想要表现的目的。

图3.15

3.2.2　磨皮在人像后期处理中的重要性

谈到磨皮在人像后期处理中的重要性就不得不谈磨皮的作用，最基本的当然是改善皮肤的质量，然后可以修复一些小小起伏的结构。如果磨得很光滑、基本失去质感就会呈现出一种很梦幻的效果，可以造成水彩画以及卡通少女漫画人物的感觉。另外，具有美术基础的读者可以利用磨皮来人为制造视觉重心，比如：只磨掉一部分的皮肤，使之对比度降低，变得模糊，使欣赏者更容易注意到另外一部分，如图 3.16 所示。

图中通过对左脸的磨皮处理，降低了对比度使之模糊，从而使人更容易注意到右面部，当然，这也是一种近实远虚的自然规律的强化。图 3.17 也是这一类情况。

前面说到了磨皮其实是配合化妆的，它可以完善很多化妆比较难以达到的效果。化妆主要是制造一些假象，把人物的缺点遮蔽。所以，读者在使用磨皮工具去除眼袋、磨掉粗糙的皮肤时，大可不必觉得这是在做欺骗性的工作——就当它是化妆好了。

总结一下，照片中的人物，如果皮肤不好，或者说有其他明显的瑕疵，不经过磨皮这一道工序，后面就算做再多点缀，也无法使之美起来——或者说健康起来，所以笔者将磨皮放在技术课题的第一章。在拿到一张照片的时候，读者最先要判断的就是需不需要磨皮。

图3.16　　　　　　　　　　　　　　　　　　　　图3.17

3.2.3 磨皮程度的把握

有很多人，包括业内人士对于这个课题也没办法真正诠释，他们更多地归结于手感或者经验。其实磨皮可以达到的效果最低倾向于修复瑕疵，很轻微的磨皮，操作的时候可能就是一下一下地单击鼠标，像是在补妆；然后比较大众一点的类似影楼照片，就是为了把皮肤修得非常光滑，看不到毛孔，除此之外，没有任何缺点，也就是损失质感来获得光滑如丝的皮肤；最重程度的磨皮就是达到雾里看花，仿佛隔着一层薄雾在看，对比度已经被大大削弱了，不过这种程度的磨皮需要借助滤镜和图层叠加来完成，这作为一种快捷的磨皮方式会在后面专门讲到。

在这几种效果的背后，是需要后期工作者判断自己需要做成什么样的效果，然后才能把握磨皮的程度，因为效果是时时可以用眼睛观察到的，可以一边做一边把握。这就跟初学画素描很相似，老师总是要求你在每个地方平均用力，不要抓着一个地方画到完再画其他地方。这就是很多人不知道从何说起的原因。其实这是一个很死板的课题，当你定下要磨到哪一种效果的时候，这种效果与你设定的不透明度和单击次数的乘法有着一个正比例关系，也就是说，当你决定磨出一种不要质感只追求磨得光滑的效果，那么你的不透明度是一定的，在磨每个位置的时候，单击鼠标的次数也是一定的。

还有就是之前说过的不透明度的参数设定在 15%~30%，磨皮不会出现磨得不够的情况，只会出现磨过头的情况，如果老是磨过头，那么请将不透明度调低一点，或者在单击鼠标的时候不要盲目地连点多次，慢一点看清楚效果就不容易失控了。下面将磨皮的 3 种代表性的效果示范一下，如图 3.18~ 图 3.20 所示。

◆【修复性的磨皮】

经验总结

在 Photoshop 中自由变换图像时，移动鼠标指针到控制点处，同时按住 Shift+Ctrl 键，可以按比例缩放选中的图像。如果放开这个组合快捷键，则图像的长宽可以任意变形。调整到合适大小后，按回车键确定，或双击变换区域完成变换。在自由变换中，如果要取消操作，就按"Esc"，如果对执行命令以后的效果不满意，也可以执行"编辑"→"还原自由变换"回到原始图像。

图3.18

◄【舍弃质感磨皮】

经验总结

在 Photoshop 中进行修补图像工作的工具有："修复画笔工具"、"修补工具"、"仿制图章工具"。其中，"修复画笔工具"和"仿制图章工具"在使用时，需要按住"Alt"键来定义取样点，修复时工具会自动用定义过的取样点内的图像覆盖需要修复的图像区域。而"修补工具"则不需要取样点，它通过圈选需要修补的图像，然后拖动到要借用的图像上，使选中的图像与要借用的图像一致；或者以确定选定区域为目标，拖动选中的图像到要修补的图像处，用选中的图像代替需要修补的图像。

图3.19

【雾里看花】

图3.20

3.3 实际磨皮处理示例

　　本节，笔者将向读者完整示范一张皮肤粗糙的照片的磨皮处理过程，读者可以跟随笔者一起进行操作，进一步理解磨皮处理的步骤。如图 3.21 所示，原片环境光源多，人物的皮肤粗糙的特点被进一步暴露，所以需要对其进行磨皮处理。

图3.21

01 在Photoshop CS4中打开图3.22所示的原图，对其执行色阶、色彩平衡、修复工作后，如图3.22所示。

图3.22

02 由于目标照片所处环境光源比较多，使得脸上的阴影非常没有规律，这十分考验后期处理者的耐心，这一种情况就需要使用前面给出的公式$x<2r$来进行磨皮，这里先对面积比较大块的脸部进行磨皮，如图3.23所示。

图3.23

经验总结

色阶和色彩平衡工作不是必须的，但修复工作是必要的，因为瑕疵会干扰磨皮的进行。当处理者非常熟练，清楚各调子区域以及面部结构时，也可以使用图章工具复制近似区域以覆盖瑕疵——这和修复的原理是一样的。

03 注意照片左边脸上的阴影，它将左边的脸部分成了两个部分，需要将其分成两部分来处理。在处理边缘的时候要特别小心，如果没有办法完成精确的磨皮，可以使用钢笔工具描绘出路径，再转换为选区来完成，如图3.24所示。鼻头下边那一块明显的阴影也用同样的方法进行处理。

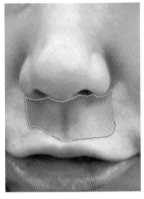

图3.24

04 处理额头部分，额头是第二个难点，来比较说明一下为什么额头是第二个难点，如图3.25所示。

这是原图的额头，由于交错的光线通过散开的头发，在额头上形成了多条清晰的阴影。如果按照一般的方法磨皮，很可能将阴影模糊成色斑而分辨不出来是头发的投影。下面看另外一张照片的额头，如图3.26所示，这是比较好处理的普通照片的情况。

图3.25　　　　　　　　　　图3.26

图3.26的头发基本上没有在额头留下阴影，因为只有少许的几根头发，按照一般的光滑皮肤处理也不会显得不自然。那原图的额头该如何处理呢，来看看图3.27的分析示意图。

图3.27

经验总结

通道是基于色彩模式这一基础上衍生出的简化操作工具。比如，一幅 RGB 图有 3 个默认通道：红、绿、蓝；而一幅 CMYK 图像有 4 个默认通道：青、品红、黄和黑。由此看出，每一个通道其实就是一幅图像中的某一种基本颜色的单独通道。也就是说，通道是利用图像的色彩值进行图像修改的。我们也可以把通道看作摄像机中的滤光镜。

标注"1"的区域表示比较没有干扰的皮肤；标注"2"的区域表示需要仔细处理的皮肤。"1区"可以按照普通方式来进行磨皮，因为阴影本来就很模糊，所以不怕再磨得模糊；"2区"则由于阴影比较明显，所以必须按照一定的方向，一点一点地磨，这个时候的 x 非常接近 r，只比 r 稍大。参考本书的磨皮处理原则，完成后如图3.28所示。

图3.28

05 大面积的皮肤就处理完了，接下来开始处理五官：眉弓、眼睛周围以及眼白。与额头"2区"的处理方法相同，只是要留意眉弓是一处突起，属于受光面，不要和周围的皮肤弄成一片。这里准备了一张理论示意图，关于眉弓与上眼皮部分的复制基础点与范围，如图3.29所示。

经验总结

　　滤镜是 Photoshop 中功能最丰富、效果最奇特的工具之一。滤镜是通过不同的方式改变像素数据，以达到对图像进行抽象、艺术化的特殊处理效果。Photoshop 滤镜可以分为3种类型：内嵌滤镜、内置滤镜、外挂滤镜（第三方滤镜）。内嵌滤镜是指内嵌于 Photoshop 源程序内部的滤镜。

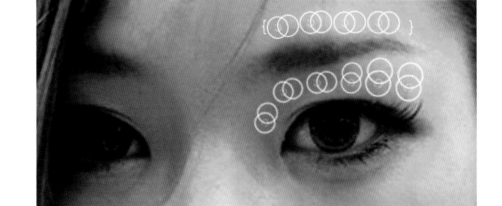

图3.29

每一对连环就是1个复制基础点（小圆）的笔触与复制笔触的范围，在安排的笔触大小下，完成眉弓部分的磨皮，至少需要定4次不同的基础点，但在实际操作中，肯定会超出这个数目，为了磨出圆滑的效果，在每个连环之间，都会再定基础点进行过渡；上眼皮由于左右宽度不同，可以看到采取了两种方向与两种大小的笔触，因为这一段又窄又短，但包含了半个球体（眼球），调子含量很多，包含了亮面、明暗交界线、暗面。所以，在右边选择了上下的运动方式，这是为了不把过多的亮面色彩带到暗面，产生结构错觉。从右边第3个结束进入暗面，由于后面都处于暗面且结构细长，所以又转回了横向的运动方式。笔者设定了26%的不透明度，每个连环从基础圆到复制圆方向的运动有4~5次鼠标单击。

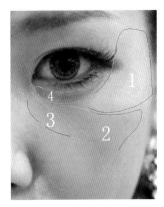

图3.30

06 照片右边下眼睑的处理需要首先做出判断——是否需要减弱或者覆盖。其实本例的人物下眼睑比较正常，可以选择不予处理，为了讲解下眼睑处理的注意事项，这里稍微地处理一下，如图3.30所示。

"4区"是下眼睑较深的颜色，属于一般将要处理掉的颜色；"1区"是光源方向最浅的颜色；"2区"是"1区"方向来的光造成的半背光面；"3区"是眼轮扎肌的微微突起。笔者的处理方式是使用"1区"作为复制源去覆盖"4区"的右边部分，使用"3区"作为复制源去覆盖"4区"的左边部分。原因是下眼睑也是贴着突出的眼球这个半球面的一部分，光在它上面也呈现出球面应有的规律。处理后的效果如图3.31所示。

图3.31

07 处在暗部的照片左边的下眼睑就比较简单了，由于暗部颜色变化比较小，选择周围的颜色来进行覆盖即可，目标是4号位置，完成后的效果如图3.32的右图所示。

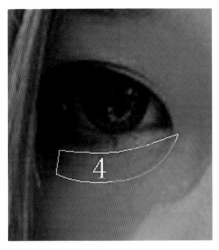

图3.32

经验总结

Photoshop CS 4 将 GPU 加速加入到了图形的运算当中，只要读者拥有一块比较主流的独立显卡，就可以通过 GPU 加速在一瞬间打开一幅超大分辨率的照片。另外，CS4 的颜色加深与减淡工具也做了很大改进。以前在使用 CS3 的加深工具时，常常给人一种把人脸做成煤球的感觉，黑而不自然。CS4 的加深工具有一个保护色调选项，勾选了这个选项后，更改的图像基本色调都不会改变，改变的是深浅，给人的感觉自然不少。减淡工具也同样有保护色调选项。

08 眼睛部分就只剩下眼白部分，前面在讲磨皮原则的时候说过：眼白部分也可以当作是皮肤来进行磨皮处理，当然，这个范围就更小了，是一个精细活，原图和成品如图3.33所示。眼睛是体现人物精神的器官，炯炯有神的眼睛对比度总是很高的。

图3.33

到目前为止，处理完成的整体效果如图 3.34 所示。对比一下原图，是否要好很多了呢？

图3.34

经验总结

有时候，读者在 Photoshop 中会觉得文字之间的间隙太大，想"排紧"一些。读者可以先在两个文字之间单击，然后按下 Alt 键，再用左右方向键调整间隔。

经验总结

读者在使用毛笔、喷枪、铅笔、橡皮工具时，如果临时需要吸取某点的颜色，只要按下 Alt 键就可以临时切换到吸管工具，松开 Alt 键则会马上返回原来的工具。

现在还剩下鼻、耳、嘴角、下巴以及手，是否都需要处理呢？通过观察，很容易发现，除了耳朵，其他都是需要处理的，耳朵位于脸的后面，由于近实远虚的关系，已经显得比较模糊。而且，本例的人物耳朵并无瑕疵，所以就没有必要再去磨皮了。只有在对象的耳朵很清晰，能够清楚判断上面的粗糙皮肤时，才需要进行磨皮处理。不过总的来说，由于耳朵的特殊位置，需要处理的时候相当少。只是需要特别注意耳朵与脸颊交接的皮肤，那是比较容易让人忽略的地方，但例图这样的正面照，一般是看不到连接处的。

09 　　如果读者细心的话，应该留意到前面图3.30中鼻梁旁边的"3区"是有两种颜色的圈。这就要说到鼻梁的形状，它的横截面是一个梯形，正面看过去，就有4个面，分别是鼻梁正上面、两边的两个斜侧面，以及放着鼻孔的底面。当光照射到这样一个形体上面时，每个面的色调不可能完全一致，更何况还有突然隆起的鼻头和鼻翼，因此对于鼻这个器官的磨皮，一定要划分成几个部分来处理。根据难易程度，将之分为鼻干和鼻头两部分。

　　【鼻头】的处理，实际上只需要注意两点：一是竖向磨皮，针对每一个面；二是注意鼻侧面和脸的界限，如图 3.35 所示。

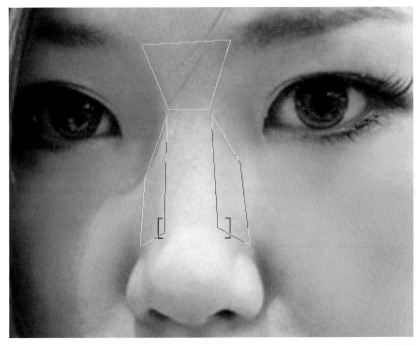

图3.35

　　正上方的梯形是连接鼻梁与额骨的斜面，应单独作为一个面来处理。两边框示的四边形是两个鼻侧面，中间夹着的是鼻梁，中括号之间的部分是鼻梁与鼻头过渡的部分。磨皮的时候脑子里要有一个概念，鼻梁与鼻侧面是分开的，彼此不要覆盖到对方的面，由于这几个面竖直方向上宽度基本是上下相等的，所以就体现出来竖直方向运动磨皮的好处，假若是横向运动，由于每个面很窄，哪怕是小小的覆盖都会影响每个面的宽度而改变鼻的形状。这里顺便说一下，关于鼻的整形，如果对象允许整形的话，就可以用其他的面去覆盖，这个在后面的修形章会专门讲解。而关于鼻与脸的界限是否需要处理一下令其衔接自然，里面也涉及一个美感问题，假若目标人物是塌鼻，用脸上的颜色去覆盖鼻侧面的边缘，会令鼻子更塌；反之就可以。

　　【鼻头】部分的处理是个难点，磨花、磨平是常见的失误，现在来讲如何避免。

　　产生这两个失误的直接原因是没有理解鼻头的结构。鼻头是一个球形的隆起，算一个 1/2 球面，2 个鼻翼分别算 1/4 球面，既然它们都是球面，那么就不能像对待面部皮肤那种起伏微弱的斜面来磨了，读者应该先区分它们的调子再进行磨皮。如果当作皮肤，调节一个鼻头大小的笔

经验总结

　　想要放大在滤镜对话框中的图像预览大小吗？按下 Ctrl键，用鼠标单击预览区域，图像会放大；按下 Alt 键，用鼠标单击预览区域，图像则缩小。

触开始磨，结果就会把鼻头压平。如果笔触不大，没注意调子分布，结果就会把鼻头磨花。本例的光源来自右上方，从右上方开始向左下方依次分布亮灰、固有色、暗面、反光。只要读者注意区分亮灰与固有色就不会磨平；注意区分明暗交界线就不会磨花。而关于鼻翼旁边与脸颊形成的灰色沟，可以用脸颊的颜色削弱或者覆盖它。这里，笔者要提醒读者，削弱或者覆盖灰色沟的主要目的是为了美感，减少面部大的起伏，但这么做也会降低人物特点，如何取舍需要读者根据自己的实际需要来处理。本例只是稍微削弱了在光源方向的鼻翼旁边的沟的色彩，保持了人物的原样。完成后的效果如图3.36所示。

图3.36

10 处理嘴唇周围的皮肤，这是脸部最后需要处理的部分，本例是一个很典型的实例，能够处理好这张照片，其他照片也就都很容易了。

由于撅起的嘴唇使得嘴周围的皮肤产生了很多"波浪"状突起，这迫使笔者不得不将笔触缩小。在磨皮时，还应当注意不要影响人物的大形体——由于牙床的弧形，上下嘴唇一带都被顶起成一个较缓的弧形。其他特点还有：人中位置有两个明显的突起，需要保留；撅起的唇使两个嘴角的口轮匝肌突起，只能削弱而不能覆盖。这一步操作又分成3个部分来完成：

☛【鼻下阴影处理】

如果怕覆盖到阴影外边，可制作选区来操作，结果如图3.37所示。

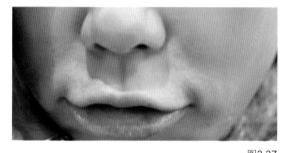

图3.37

☛【嘴唇上方处理】

本例削弱了嘴角的重色，读者在处理唇线一带的时候，尽量远离唇线一些，避免覆盖到唇线，另外唇线也是有厚度的，它是一个转折、一个面、一个调子，结果如图3.38所示。

图3.38

经验总结

裁剪工具，读者一定都用过，有一种情况你也一定遇到过：当调整裁剪框，而裁剪框又比较接近图像边界的时候，裁剪框会自动贴到图像的边缘，令你无法精确裁剪图像。其实，读者只需要在调整裁剪框的时候按下 Ctrl 键，那么裁剪框就会服服帖帖，想怎么裁就怎么裁。

☜【唇下阴影处理】

　　注意保留大部分结构，这需要
读者仔细判断区分每块颜色和每一
个面，总之是个细活，效果如图 3.39
所示。

图3.39

11　　手的处理。由于手的位置甚至比面部更处于近处一些，所以，其上面的细节就更加醒
目。可以看出，本例这只手必须磨皮。需要注意的是，手也要分为两部分来处理：手掌与手
指。手指都是圆柱结构，而手掌可以当做一块较平的皮肤对待，只需要稍微注意一下手背上的
筋，如图3.40所示。

图3.40

经验总结

　　读者可以用以下的快捷键
来实现快速浏览图像。

　　Home：卷动至图像的左
上角。

　　End：卷动至图像的右下
角。

　　Page Up：卷动至图像的
最上方。

　　Page Down：卷动至图像
的最下方。

　　Ctrl 加 Page Up：卷动至
图像的最左方。

　　Ctrl 加 Page Down：卷动
至图像的最右方。

　　要把当前的选中图层往上
移，只需要按下 Ctrl 键后，再
按下] 键，就可以把当前的图
层往上移动；反之，按下 Ctrl
键，再按下 [键，就会把当前
的图层往下移动。

从美观上来说，图 3.40 手指形状变化比较大，皱纹偏多。处理的时候注意指关节，虽然这里褶皱更多，但不能和指节上的皮肤一并对待。换言之，需要让人能分辨哪里是关节。由于手处于最前面，因此本例不能磨得太过于模糊，这里的 x 更靠近 r。而且，处理靠近饰品位置的皮肤时不能覆盖到饰品，结果如图 3.41 所示。

图3.41

到这里，整张图的磨皮工作就完成了，现在可以看看整体效果，如图 3.42 所示，是不是好多了？

经验总结

要把一个彩色的图像转换为灰度图像，通常的方法是用"图像"→"模式"→"灰度"，或"图像"→"去色"。不过笔者有一种方法可以让颜色转换成灰度更加细腻：首先把图像转化成 Lab 颜色模式："图像"→"模式"→"Lab 颜色"，然后点开通道面板，删掉通道 a 和通道 b，这样就可以得到一幅灰度更加细腻的图像了。

图3.42

磨皮完成的照片可以用于各种设计制作中，如图 3.43 所示。

图3.43

3.4 快捷磨皮方式

快捷磨皮方式，简言之，就是通过比较快速而简单的操作能达到一定的磨皮效果，但在业界该不该称为磨皮还颇有争议，下面来进行分析说明。

网络上最常见的就是滤镜模糊，然后利用图层叠加的方式来达到近似的目的。这里就以本章实例的照片来说明——图 3.44（a）是原始图片，图 3.44（b）是快捷磨皮，图 3.44（c）是正常磨皮。

图3.44（a）

经验总结

有些读者使用过 Flash，习惯于操作中自动选择图层。其实，Photoshop 也可以实现这个功能，读者只需要把移动工具选项面板上的"自动选择图层"勾选。不过有些时候，你又并不需要这项功能，如果要手动取消和勾选就太麻烦了。现在教读者一个方法，当按下 Ctrl 键后，Photoshop 的移动工具就有了自动选择功能，这时你只要单击某个图层上的对象，那么 Photoshop 就会自动切换到那个对象所在的图层；而当你放开 Ctrl 键时，移动工具就不再拥有自动选择功能。

图3.44（b）　　　　　　　　　　　　　　　　图3.44（c）

这里快捷磨皮的大致步骤如下：

1. 将原图复制一层，并进行高斯模糊，模糊参数是20——可以根据图像解像度而定，解像度越低则参数越低。

2. 选择图层叠加，本例选择的叠加方式是滤色，也可以选择强光和柔光的。远看除了色彩和对比度有些许改变以外，仿佛目的也基本达到了。但是，如果读者将图放大几倍后，就会看见快捷磨皮的效果确实不那么理想：不光粗糙的皮肤依然有部分保留，而且整张照片都被模糊了。

3. 为了弥补上一步的缺陷，将以上两步的快捷磨皮图层合并，并再将合并后的图层复制一层，对复制层实施"滤镜"→"其他"→"高反差保留"来强化那些高反差的地方，强化的高反差范围由参数控制。

在需要快速作业，并且要求不高的时候，快捷磨皮也能达到不错的效果。但是对于高解像度的图片，比如：桌面、将要冲印的照片等，快捷磨皮是被严格禁止的，因为照片的表现力非常强，有少许瑕疵都能够轻易察觉。快捷磨皮方式主要广泛流传于网络上，因为网络上的图片本身有解像度的限制，所以要求低很多。下面来看一例完整的快捷磨皮，原片如图 3.45 所示。

图3.45

01 复制图层并选定，如图3.46所示。

02 对"背景 副本"图层执行"滤镜"→"模糊"→"高斯模糊"，半径参数如图3.47所示。

参数的数值视图像解像度而定，例图的解像度为300，类似300解像度的肖像参数在20左右为佳，也可自行调节尝试不同的效果。基本上以感觉脸颊外有微微泛光效果的程度为宜，嘴唇眼眶不能太模糊。

图3.46　　　　　　　　　　　　　　　　　图3.47

03 将"背景 副本"图层的混合模式改为"滤色"，如图3.48所示。

04 向下合并图层（快捷键Ctrl+E），如图3.49所示。

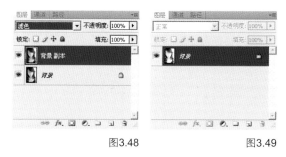

图3.48　　　　　　　　图3.49

05 再次复制背景层，对复制层执行"滤镜"→"其他"→"高反差保留"，参数如图3.50所示。

注意观察图3.50，所谓高反差保留就是比较强烈的对比部分，脸与头发的对比、眼眶与周围的对比、皮肤与头发的对比等，将参数调到一个合适的位置，以能在预览图中看到剩下这些对比的时候为宜。如果下一步调节了图层合并方式后，出现粗糙的皮肤，那么说明这一步的参数偏大了。

06 高反差保留完成后，调节图层混合模式为线性光，如图3.51所示。

经验总结

　　Photoshop 中几个便捷的快捷方式：

　　按 Ctrl+F 键可以使当前的滤镜效果重复执行。

　　按 Shift 画线，可画出水平、垂直和45°的直线。

　　按 F6 键可以直接调出画笔面板，读者还可以在该面板右上角的三角形下拉菜单中，单击"装载画笔"项，在载入对话框中选择目录 GOODIES/BRUSHES 下的 *.ABR 艺术笔刷，丰富你的创作。

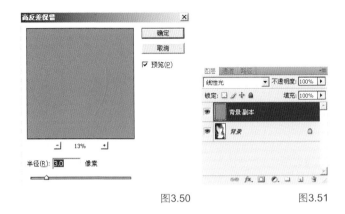

图3.50　　　　　　　　　　图3.51

快捷磨皮到此结束，合并图层后的最终效果如图 3.52 所示。

磨皮后的图片同样可以使用背景技术来进一步表现创意，例如图 3.53 所示的作品。

图3.52　　　　　　　　　　图3.53

第4章　质感处理

　　在第 2 章，简单地给出了质感的概念。可以这么认为：无论使用怎样的再加工方法，通过改变材料表面光泽、底色、纹理、质地，使观察者对材料的观感产生变化，但这种材料本身所固有的感觉——质感仍然会全部或部分保持，不可能完全被改变。这也正是材料的天然性与人工仿制品的根本所在。即使相同类型的材料，其质感也常常具有不同的趣味。例如，同是木质的榉木与柚木给人的感觉就不一样。一般来说，质感是其特有的色彩、光泽、表面形态、纹理、透明度等多种因素综合表现的结果。

　　在人像后期处理中，对质感的认识以及把握，是一个艺术工作者的必修课题，当无法理解质感甚至抛弃质感，那么你手下产生的照片将千篇一律，就像是炭精画像者的作品，永远无法称为艺术品一样，都是同一个原因——无法理解质感。金属、丝绸、皮肤，你都能分辨，但现在，需要问一下自己，为什么能够分辨？是什么让你分辨出来这些物质的？这就是作为一个艺术工作者所必须要了解的。

　　本章分 3 节，分别从比较说明什么是质感、处理质感的依据和注意事项，从实例处理进行讲解，让读者深刻地理解到质感的概念。

4.1 质感效果对比点评

还记得上一章的图章工具训练吗，如图 4.1 所示。一张粗糙的纸，使用图章工具复制、覆盖中间部分，无论怎样，都无法磨成一块均匀的颜色，虽然中间被磨的部分始终能感受到些许纹理，不过已经无法分辨出是不是纸了。

图4.1

4.1.1 质感实验

为了进一步了解质感受什么影响，请读者跟随笔者做一系列实验。接下来，分别使用模糊工具、去掉颜色信息和换色进行实验，结果如图 4.2 所示。

当使用模糊工具时，还是能看清楚些许纹理，但仅凭中间的纹理已经无法确定这是一张粗糙的纸了。

将例图的颜色信息丢掉，只剩下黑白时，仍然可以感觉到纸的质地。

再换成另外一种颜色时，还是能感觉到纸的质地，只是换了一种颜色，看来颜色对质感没有多大影响。

图4.2

以上提到的第一种失去质感的情况是使用小笔触的仿制图章，然后围绕正中的复制基础点旋转复制，笔触之间互相覆盖，没有留下完整的笔触，产生了一种断点错位的纹理，但这种纹理在自然界中没有与之类似的，因此我们无法分辨它。第二种失去质感的情况是使用模糊工具不断地模糊处理，虽然远看仿佛与周围相差不多，但是近看就能明显感觉到跟周围材质不同。模糊的工作原理是降低对比度，对比度虽然对颜色的色彩没有影响，但它会影响到颜色的明度——黑、白、灰，这再一次印证了前面的试验。产生质感的主要因素是这些黑、白、灰，而这些黑、白、灰也是由光照反射到人的眼睛里产生的观感。各种不同的材质或肌理，通过光反射到人眼睛里产生了不同的黑、白、灰效果，才能让人分辨它们。

4.1.2　皮肤的质感

那么皮肤的质感是怎样的呢，右面是一块放大了皮肤，如图4.3所示。可以看到，皮肤表面凹凸不平，很不规则，但却很密集，右上的血管产生了一条较连贯的凸起，接下来看一张正常大小的皮肤，如图4.4所示。

 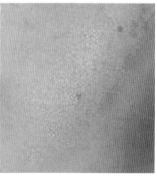

图4.3　　　　　　　　　　图4.4

正常大小的皮肤下也能感觉到这种肌理，灰色的网状凸起斑纹透出凹处浅一点的颜色，右下角处于背光面的皮肤的对比度就弱很多，只能分辨一些较大的对比，看不到这种强烈的网状结构了，而对于照片处理，如果要留住质感，就不能将肉眼可分辨的这些不规则对比完全地去掉或者模糊得看不清。

下面来看例图，如图4.5所示。

图4.5

经验总结

读者可能经常需要在历史记录中退后或者前进，Photoshop的快捷方式为"Ctrl+Shift+Z"和"Ctrl+Alt+Z"，这2个组合键可以分别实现在历史记录中向前或向后操作。

强烈的光线在亮面的亮灰以及暗面都不能分辨皮肤的质感，只有在过渡的固有色区域可以看到。另外注意区分皮肤的质感与额头的痘子，那是需要去掉的部分。

第一种处理结果如图4.6所示。

图4.6

质感基本上丧失了，只有下嘴唇下方、额头的中部有少量的质感。特别是额头左上角，由于磨得太厉害而产生了模糊的感觉，这对于离光源较近的位置是不合适的。

第二种处理结果如图4.7所示。

经验总结

图4.6中的额头被磨皮后，不但丧失了质感，而且与几乎处于同一平面的头发质感相近，显得很不协调，不符合自然规律。

图4.7

由于原始图片的强对比度（层次较少），固有色被压缩得厉害，因此在处理固有色的时候有意识地保留了质感，对比看一下局部，如图 4.8 是图 4.6 的局部；图 4.9 是图 4.7 的局部。

图 4.8 由于磨得较重而失去了皮肤的质感，更像是水彩画，而且没有注意到下巴的结构一并抹除了，而图 4.9 则较好地保留了大部分质感。

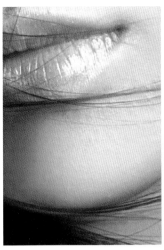
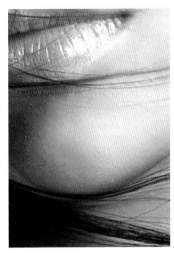

图4.8　　　　　　　　　　　　图4.9

4.2　质感处理的依据

做任何事都有一个度，那么质感处理和保留的度是怎么判断的呢？在 Photoshop CS4 中调节人物的色阶，可以看到当压缩色阶的时候，如果亮灰被高光覆盖了，那么原本在亮灰里的质感会减少消失，在固有色里的质感不会消失，但对比度会加强，可见质感是会对光源强弱产生变化的。同样，假若处理掉人物同一色调中一部分质感，则另外没有处理掉的部分会显得很不自然。

4.2.1　磨皮和质感的矛盾

磨皮在前面对粗糙的纸的测试，显现出可以破坏质感的能力，但它带来的好处也是很巨大的，磨皮可以针对粗糙的皮肤进行削弱，也就是质感的削弱，但是不会让它消失掉。

下面是一个 3D 制作的人物模型，如图 4.10 所示。上面一张是有质感的图片，是正常的观感；而下面一张是没有质感的，完全光滑的极端。读者可以对比理解。

一般地，后期工作者遇到的照片都是需要削弱质感的，于是才有了这一章的课题。质感处理工作主要针对的是女性人物照片；儿童由于本身的皮肤就光滑细腻，可以少处理或者不处理；男性体现的要素有别于女性，也不可修得太光滑。当然，即便是女性也不能不顾后果地处理。上一章已经讲过，磨皮就是给前期工作补妆，前期工作做得好，粗糙的皮肤被覆盖得差不多了，后期的工作量就不大。

图4.10

4.2.2　质感的强弱显现规律

前面讲到，质感的变化是受光源变化影响的，请读者再来看看图4.11。

图4.11

仔细观察，可以看到，质感比较明显地分布在亮灰以及固有色一带，固有色尤其明显，而其他调子高光、暗面基本无法识别，标注如图4.12所示。

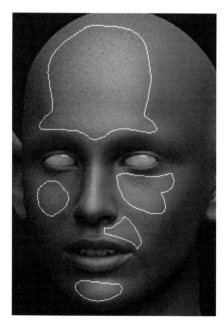

因此可以得出规律：离观察者越近的地方，质感越强烈；明度越接近固有色的明度，质感越强烈。

了解这条规律后，磨皮就应该逆着这条规律而进行，先磨质感最弱的地方：高光、暗部和离观察者最远的地方，再处理固有色、亮灰和近处。

在处理暗部、高光这些地方的时候，磨皮基本上不是为了削弱质感，因为质感基本没有了，而是将皮肤上不正常的皱纹、凸起、坑磨平，相对于质感强的地方来说，是最简单的部分，因为不需要在意是否把质感去掉了。

图4.12

4.2.3 选择性强化质感

同是一个调子的不同地方的质感，是否也需要处理得不同呢？

答案是肯定的，根据光的来源与形体的特征，即便是同一调子也会有不同，距离光源最近的额头是质感最明显、对比度最高的地方。依次向下减弱顺序是颧骨、唇上，最后是下巴。换句话说，假设处理者已经将额头的对比度磨得比颧骨的对比度还低，那么回过头还需要把颧骨的对比度磨得更低才符合自然规律，当然都必须在质感有所保留的情况下做这些。

另外，光不会总是来自于正上方。必须专注于自己的眼睛，去判断分析。就算不知道光源或看不到光源，通过对对象调子的分布，就能分析出来。再退一步，就算是只分析质感，也能知道这些信息。

因此选择性强化质感的依据是优先保留质感对比度最高的地方。

4.3 实际质感处理示例

在本节中，笔者将尽可能为读者多列出几种不同质感情况的处理实例，方便读者结合手中的实际情况来理解并灵活处理。

4.3.1 实例一

下面来看一则外景照片的实例，应被摄者的要求，这里做了去痣处理，原片如图 4.13 所示。

图4.13

01 对原片进行分析。由于是室外拍摄，光线比较强烈，人物一大半处在光中。因为光线强烈，质感主要集中在固有色一带；左脸部离观者较近，所以质感需要保留，亮面由于光线过强，基本没有质感，如图4.14标注所示。

这个图反映了一个问题，那就是前面提到的：质感优先保留最靠近观察者的部分，优先保留固有色部分。怎么去判断呢？两个优先保留的部分如果产生矛盾该选择哪一个呢？当遇到这类问题的时候，应该优先考虑靠近观察者的位置，也就是用图中质感最强的地方作为优先保留的区域。当然，本图就没有必要去区分了，因为主体人物距离观者最近的部分刚好也是固有色一带。

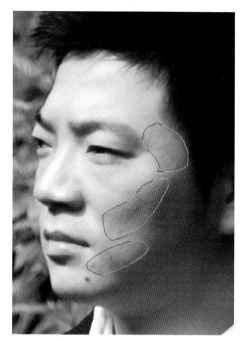

图4.14

02 按照前面讲到的顺序从质感最低的部分开始。如图4.15所示是人物面部的高光区域，由于强烈的光线削弱了皮肤的质感，使皮肤显得十分光滑，因此这一部分可以考虑不加工。

图4.15

03 位于固有色另外一边的暗部，由于距离观察者较近，能够分辨出其中粗糙的皮肤质感，如图4.16所示。注意右下这一块暗面，是偏绿色的，到了下颌骨底反光一带偏橙黄色，而靠右边的下颌骨到颈部的转折比较缓的部分，颜色又像这两部分的混合色，特别是在处理这些颜色交界的地方，x尽量靠近r，笔触稍微大一些能使磨出来的效果更自然。

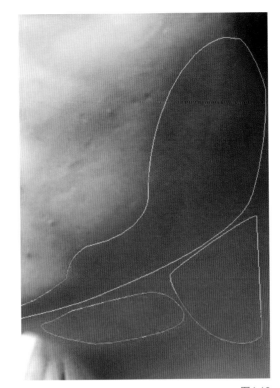

图4.16

经验总结

　　由于人物面部本身的色彩并不单一，在磨质感弱的区域时需要注意到颜色的分布，虽然不需要顾及质感，但也不能处理太快、太随便，那样会导致将面部抹花。

　　相对于脸颊的暗面来说，下颌骨反光部分和颈子部分相隔观者更远，可以放心地去除其质感，读者可以反复使用图章工具磨一会儿。这种方法在后面处理质感强烈的部分时，可以在强调近实远虚这种空间规律的同时，又能让人感受到目标的质感。处理后的效果如图4.17所示。

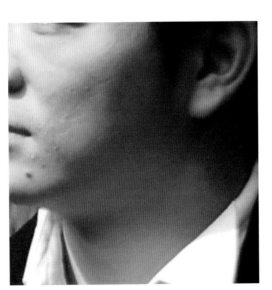

图4.17

04. 由于脸颊暗面的色调都是偏绿的，所以在颜色上没有什么值得注意的，但这并不代表可以将脸颊暗面磨成一块平板。由于结构的关系，暗面各处的明度也不一样，颧骨转折颜色不那么深，往左下方到下巴一带逐渐变深，而这一带向右由于距离反光源越近的关系，逐渐不如左边深。因此，在色调相同的情况下，应使用明度作为划分块面的原则，如图4.18所示。在接下来处理固有色一带时，由于目标人物颜色变化比较明显，所以颜色和明度都将一起作为块面来区别。

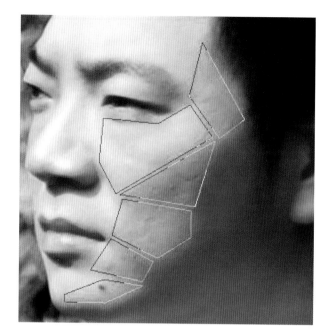

图4.18

还是要再次提醒：这么多的块面，在处理它们之间交界地方的时候，可以稍微放大笔触进行磨皮，使之显得自然，处理后的效果如图4.19所示。

图4.19

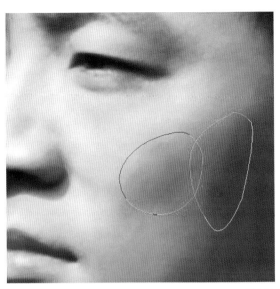

图4.20

可以看到，固有色左边一部分
显得光滑一些，而位于固有色正中，接
近明暗交界线的地方的皮肤肌理比较清
晰。另外，目标人物有些发胖，颧骨部
分的肌肉使得颧骨的转折形成的结构与
其上的肌肉形成的结构非常醒目，如图
4.20的标注所示。

　　为了使人物看起来瘦一点，可以削弱肌肉的
转折。目标就是用颧骨转折的固有色部分覆盖掉
肌肉转折的较暗部分，结果如图 4.21 所示。

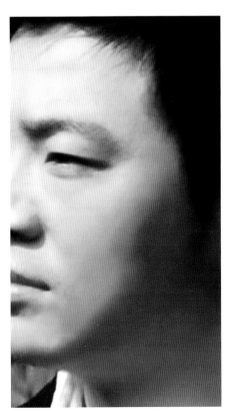

图4.21

06 咀嚼肌也显得有些肥大，可以使用
图章工具将弧度大的地方略做覆盖，或者
运用液化工具稍微地变形一下，结果如图
4.22所示。

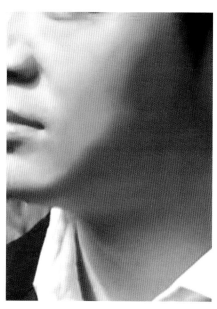

图4.22

现在读者可以对比一下最终的效果，如图 4.23 所示。

图4.23

笔者同样给出了一个供读者参考的加上背景制作的应用示范，如图4.24所示。

图4.24

4.3.2　实例二

　　下面，请读者跟随笔者进入第二个例子，看看质感损失较大的照片，这次的照片主角是一个女子，原片如图 4.25 所示。

图4.25

　　由于妆面与光线运用，使得这张照片的皮肤质感非常微弱，磨皮要做的就是去除眼袋，使口轮紮肌与周围皮肤连接更为自然，处理结果如图 4.26 所示。

图4.26

是不是区别很小呢？这类图片的处理是相当轻松的。这类图片的制作，可以考虑刻意舍弃质感，如图 4.27 所示。

图4.27

4.3.3　实例三

这是第二例中同一个人的片子，这次要做的是修复性磨皮工作。原片如图 4.28 所示。

图4.28

来自左上方向的光，在鼻梁偏左一点形成高光，由于光线不强，使得面部的调子很柔和，亮灰和固有色之间的对比很弱。同样，各区域皮肤质感对比也很微弱，质感最强的部位给人的感觉也不强烈，对象的皮肤看上去很细腻。对于这样的情况，只需要轻微地磨一下，注意修掉突出皮肤的粉刺这类破坏皮肤整体弧度的东西。对于这种整体皮肤质感不强且质感相当的对象来说，最好的办法就是平均用力的浅修，也就是第 3 章说到的修复性磨皮。修复的结果如图 4.29 所示。

图4.29

本例的痣不需要修复，它并不影响整体的美观，而且痣作为个人的重要标志也是要注意保留的目标。当然，在背景处理的时候也可以通过其他方式来强调皮肤的细腻，让观察者的视觉重心不在痣上，如图 4.30 所示。

图4.30

4.3.4 实例四

读者会不会觉得前面几个例子都比较简单？下面来看一个特例，原片如图 4.31 所示。

图4.31

这张图有什么问题呢？仔细观察面部皮肤的质感，固有色一带皮肤的质感不如暗部，这是什么情况造成的呢？两种可能，一种就是皮肤粗细不均；另一种是妆面覆盖了一部分质感。不管是由哪种情况产生的，对于这种情况由于质感也属于无法再造的对象，我们只能把未完成的妆面补完，将剩下的有质感的区域继续磨皮，以降低对比。

这一张照片要注意处理暗部，如图 4.32 所示。

完全没有磨过皮的额头几乎成了唯一的质感区，正上方的光线首先接触到额头，可以看到很微弱的皮肤质感，向下到脸颊几乎看不到了，需要放大好几倍才能看到隐约的质感。凡妆面没有覆盖到的面，根据调子的分布规律和离观者的距离来决定是否削弱或者保留质感，结果如图 4.33 所示。

图4.32   图4.33

下面是笔者制作的两个应用实例，以供读者参考，如图 4.34 所示。

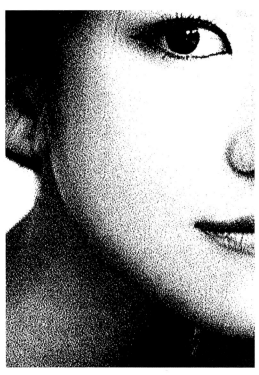

图4.34

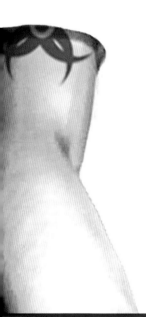

第5章　修形去疵

　　如果说磨皮对应着化妆，那么修形去疵就是对应着美容整形。当然，这可比动刀子要轻松多了，只需要动动鼠标。本章包含了两方面内容：一是修形，包含内部形体结构与外部形体结构；二是去疵，去除皮肤表面的瑕疵诸如粉刺、痘子、色斑。以及相应的 Photoshop CS4 工具的技术讲解。

　　由于涉及到修整人体结构，那么就有必要对人体结构特点进行了解。否则很容易产生畸形的作品——除非对象本来就不对称或者有着某些缺陷。因此，本章安排了一系列的基础课程，针对性地学习人体结构。当然，这绝不会深入到要求读者去区分东西方人体的差异的地步，只是会说明例如人的头部比例等，或者是顺便提一下猩猩的比例，以防止部分读者误将人整形成动物了。

"横看成岭侧成峰，远近高低各不同。脑袋是圆的，指的是侧面，正面可不是。"

——笔者语

5.1　修形分类效果对比点评

整形都是很自由的，但要求形态自然，不影响到人体的其他方面，这就会有诸多限制。当然，这诸多限制之上还要增加一个人物结构的"套子"。

5.1.1　外轮廓

外轮廓属于在照片后期处理中，经常会整形的部分，技术含量也不高。人物可以瘦脸、改变脸形、改变手臂粗细、修整腰部外形等，一般的肖像摄影就包含这些部分，当然，最常见的就是脸轮廓的修形。下面，就请读者跟随笔者一起来对照观察各种脸型和人体结构情况的外轮廓修形。

▶▶ **1.锥形脸**

图 5.1 的肖像主人属于典型的锥子脸：颧骨较高，显得额头窄；下颌较窄，显得脸宽。针对这种情况，后期处理的修改工作结果如何呢？请读者观察图 5.2。

图5.1　　　　　　　　　　　　　　　　　　　　　图5.2

经过后期工作的修改，该照片看起来有很大的改善。颧骨高、下颌窄的情况得到了改善，脸部看起来年轻了些。在对该片进行修形的时候，理论上，额头是没有问题的，但如果仅单独压缩颧骨就会产生不自然的效果。因此，在略微压下颧骨部分的同时，需要再提升一点额头部分，这样的效果才会自然。

再来看看照片左边的脸颊边缘，严格说来，这是属于内轮廓。修内轮廓的时候，由于脸较宽，笔头也要设定得宽一些，否则小了很容易修出坑坑注注的效果。但大笔头很可能在修脸形的同时牵动其他部分，因此需要特别注意。如果无法避免地会牵动其他部分，那就需要好事做到底——将之一并挪动，比如：头发、耳朵等，否则脸变窄了，耳朵又变宽了。

▶▶ **2.方形脸**

在脸型中，方脸可谓女性脸形中最有必要整形的了。一般情况下，方形脸的肖像都具有下颌骨宽、夹角大、下巴宽等特点。图 5.3 是原片，修形处理后如图 5.4 所示，读者是否觉得漂亮了些？

图5.3   图5.4

原片人物的下颌骨长，因此需要狠狠进行压缩，从左到右的压缩会不可避免地带动头发，但对头部的整个外形不会产生改变。这里，贴脸部分的头发把除脸以外的部分已经遮住，因此不需再做修形工作。左脸压缩了口轮紧肌轮廓，但是右脸的口轮紧肌不属于轮廓，因此需要磨皮的时候给予配合将它也磨平一点。

▶ **3.伪国字形脸**

伪国字形脸也是常见的脸部形状，这类脸型的下巴往往较宽。如图5.5所示，目标人物的脸型是比较好看的——除了又长又宽的下巴，在后期修形的时候，有意识地压缩两边的脸部轮廓与下巴就会得到如图5.6所示的效果。

图5.5   图5.6

首先，笔者大大压缩了下巴的长度；然后，微调了两边的脸部轮廓。读者特别需要注意的是：下巴到脸颊的转折位置不能是同一弧度的曲线。

▶▶ **4.圆形脸**

圆脸其实蛮好看的，一般不用刻意去修。如果圆脸人物显得有些发胖，可以稍微进行修形，图 5.7 的原片主人即是典型的圆脸，修形后的效果如图 5.8 所示。

图5.7　　　　　　　　　　　　　　图5.8

圆脸其实就是脸颊有些胖，和伪国字脸不同的是，圆脸的下巴不是决定因素。图 5.7 所示的下巴有些圆，但是不用修形，因为就算下巴再圆也不可能使整个脸型看起来更胖。这里只需要修改两边脸颊，使之向中间压缩即可。请读者观察图 5.8，笔者修形时，压缩最重的地方是咬肌位置的轮廓，这才是让脸收窄最关键的地方，下巴无须进行处理。

▶▶ **5.瘦脸**

这里解释一下瘦脸的概念：瘦脸即是看起来消瘦、不太健康，脸上的肌肉较干，缺乏起伏变化，骨点（颧骨、下巴）变化较少的脸型。瘦脸修形的关键还是在脸颊上，原片如图 5.9 所示，修形的结果如图 5.10 所示。

图5.9　　　　　　　　　　　　　　图5.10

这里是按照头部结构将脸的边缘修出丰满的感觉，是否比原图好些了呢？不过，内部的皮肤处理也是需要同步配合。

▶▶ 6.宽脸

宽脸也是最常见的、需要修整的脸型。对于宽脸，造型师、摄影师都会去想办法削弱宽脸的效果，没有遮掩到的部分还需要后期修形工作的处理。宽脸会削弱人物温婉端庄的气质，所以大多数女性都愿意稍微削弱一点宽脸带来的负面效果。其实不仅在照片处理中，影视作品中也往往采用大量的压缩宽脸的特技来强化人物温婉端庄的气质，例如电影《画皮》。现在来看一组对比，原片如图 5.11 所示，修形后的效果如图 5.12 所示。

图5.11　　　　　　　　　　图5.12

宽脸的处理也就是压缩两边的脸颊——注意这种半侧面的照片，左右的方式有些不同，必须注意透视变化来修形。

▶▶ 7.脸部结构模糊

造成结构模糊、不明显的很多情况是拍摄角度不当，对需要突出的结构部位凸显不够，造成结构感丧失，从而丢失了部分美感。原片如图 5.13 所示，修形后的效果如图 5.14 所示。

图5.13　　　　　　　　　　图5.14

原片由于拍摄角度的问题，致使右边脸颊的边缘连成了一条直线，无法从边缘上体现头部的曲线结构，显得比较死板，稍加修形后就可以取得很好的效果。

▶▶ 8.脸部结构不对称

世界上绝没有人是完全对称的，但大多在可以接受的范围内，这是一个很微妙的度，人们能轻易发觉其中的异样。如图5.15所示的原片，注意人物左右脸颊咬肌的位置，照片右边的咬肌位置边缘太过于突出，看上去就像多出了一块肉——这影响到整体的美感。这种情况在脸部较胖、皮肤比较松弛的人身上很容易看到。当然，由于重力的因素导致的肌肉自然位移，有些也是能够接受的。修形后的效果如图5.16所示。

图5.16

图5.15

脸部的结构仍然不对称，但影响美感的效果已经没有了。当然，也不是说不对称就需要修形，通过刻意构造的不对称结构来获得美感也是非常有益的，如图5.17所示。

图5.17

到这里，头部外轮廓的多种情况就概括完了，那么肢体的外轮廓呢？下面对比几种常见的情况。

留意图 5.18 人物的手臂，对象人物如果按照西方的审美来说，是非常匀称的，不过按照东方的审美，手臂就略显粗壮。那么手臂的外轮廓该如何修形呢？先来看看修形后的结果，如图 5.19 所示。

图5.18

图5.19

脂肪在人体上的堆积是有所侧重的，有的地方少，有的地方多，都有一定的规律。靠近关节等活动结构的地方，脂肪少；靠近一些不容易活动到的地方，脂肪多。对于手臂来说，上臂主要体现在肱二头肌、肱三头肌、三角肌。按照运动的一般规律性排列应该是：肱三头肌 > 肱二头肌 > 三角肌。三角肌是活动得最多的，因为它连着肩关节，走路都会活动到；肱三头肌是活动得最少的，日常中一般人很少有背扩运动。所以在修整的时候，只是压缩了一下上臂中间位置的边缘。而前臂的这个角度，尺骨和桡骨都处于它的边缘，对于骨头靠着边缘的地方，一般不去修整，这也是头部修形与躯干修形的不同之处。头部修形既修脂肪又修骨形，肢体修形只修脂肪，应该抓住脂肪常在的地方进行削减压缩。

再来看一组针对肌肉隆起的修形，原片如图 5.20 所示，修形后的结果如图 5.21 所示。

图5.20　　　　　　　　　　　　　　　　　　　　　　　　　　　图5.21

修形前，侧面能明显看到肱二头肌和肱三头肌的宽度。修形后，肌肉隆起的感觉没有了，手臂显得比较瘦削。请读者注意：在压缩的时候，要保持女性身体特质，不能将结构修得太过明显。

需要说明的是，还有些情况下，肢体表现出来的缺陷不一定需要修形。例如一些人物造型原因造成的缺陷，如果不影响整体美感就不需要去修形，如图5.22所示。

图5.22

人物左手非常自然，远处的右手前臂有些微凸——这破坏了肢体的连贯感。但这是人物肢体动作产生的自然情况，也并未严重影响整体的美感，这种情况就可以不修形。一般情况下，对于人的不同肢体动作暴露的一些缺陷，需要经过判断，哪里该修哪里不该修，需要结合整体的审美方式来判断。

▶▶ **10.腿**

腿的修形原则和手也是一样的，这里简单分析一下，读者可以在实践中多加体会。原片如图5.23所示。

读者可以做个实验，自己逐渐将直立的腿弯曲起来，观察形态的变化过程。受到挤压的腿，其问题是逐渐暴露的，可能直立的时候看起来好看的腿型，一旦弯曲产生挤压，就会产生一些不好看的形状。这大部分原因是肌肉和脂肪受到严重挤压显现出来的。图5.23中，左腿中间部分膨胀得厉害，该边缘左边是手，右边是大腿，修形工作比较困难。

对于这一类情况，可以在摄影时予以回避。一般来说，直立的人体，大腿的脂肪会出现在大腿内侧、小腿外侧。所以，对大腿脂肪较多的人物，通过裤装即可很好弥补。

图5.23

▶▶ **11.腰部**

腰部可算是人体最容易堆积脂肪的地方之一，由于是躯干部分，给人的感觉也是最明显的，稍微凸出一点就会觉得胖了很多。

针对腰部进行修形的时候要把握两个要点：上有肋骨，下有髋骨。其主要内容是保持上、下结构带来的边缘走势的偏差与连贯。有一些照片需要仔细去区分，如图5.24所示，由于衣物的原因，可能目标本来是一个细腰，但是衣物比较宽松，导致无法分辨。

图5.24

对该照片，不能简单将宽松的衣服压窄，否则就会显得很奇怪，如图5.25所示。图中弯曲的左腰由于衣服的自然下垂而使得腰部的外形与胸部一致，但是肉眼可以分辨目标人物腰部宽松的衣服褶皱，如果将其压缩就会十分奇怪。

图5.25

5.1.2 内部形状

内部形状的修整是难点，由于工具的限制，在调节许多转折圆缓的结构时，笔触需要调整得较大，很容易就覆盖到了其他不相关的部件上，读者需要多加注意。

▶ **1.面部**

图5.26人物鼻头高过鼻翼，已经影响到美感。要修复这个形状，可以通过液化工具将鼻翼略微向下拉一点来实现。本书在前面曾经详细讲解过使用图章工具磨皮来改变鼻干各面的大小。但对于鼻头、鼻翼这些特殊的形状，还是使用液化工具更为方便，修改后的效果如图5.27所示。

图5.26

图5.27

为了防止拉扯鼻头距离过长，产生不真实的感觉，笔者在这里不仅向下拉动了少许鼻头，同时也向上抬起少许鼻翼，并且使用加深工具为鼻头下端加重了颜色，人为地制造出阴影。

▶▶ 2.眼睛

相对于其他五官来说，眼睛稍微显得有些小，液化里面的"膨胀工具"在处理眼睛这个部位的时候使用得最多，适当调整笔触，以瞳孔为中心轻轻单击就可以获得效果，请读者对比如图5.28所示的原片和如图5.29所示的处理效果。

人物的眼睛是不是明显变大了？使用"膨胀工具"还可以方便地调整眼睛的边框与眉毛，但在改变形状的时候应当注意左、右两边的透视对称。

图5.28　　　　　　　　　　图5.29

▶▶ 3.嘴巴

嘴唇与嘴形可以使用液化里面的"向前变形工具"，这也是所有变形中最基本的变形方式之一——大多数时候，它也是最管用的方式。请读者对比图5.30所示原片和图5.31所示处理后的嘴形。

可以看到，图5.30人物嘴形有些不规范，使用适当的笔触向前变形后，嘴唇里外的形状都得以改善。

图5.30　　　　　　　　　　图5.31

经验总结

在修正小部件时，特别是鼻子这样由多个形状构成的部件，为了避免影响到其他部分，经常需要不断地改变笔触大小，逐步进行修正。

5.2 修形去疵的依据

在对对象形状进行修整的时候，要注意手脑协调：一是手，要操作鼠标和软件；二是脑，运用审美基础知识以及经验判断修形的度。这里都涉及哪些必备知识呢？下面一一为读者讲解。

5.2.1 基础结构

对人物进行修形就必须首先了解人体的结构，了解哪些可以去掉，哪些必须保留。对结构的良好把握主要体现在那些关键的细节上。否则，画老虎的不清楚老虎的结构，就真正是画虎不成反类犬了。当处理者拿到原片的时候，就应该首先辨识出哪一个突起下面是哪一个结构，在改善结构不明显情况的时候，还需要人为地将重要的结构"做"出来，显然没有基本的结构理论知识会造成水平提升的瓶颈。人物肖像修形处理主要内容是头及上半身，本节就着重为读者讲解这方面的基础结构。

下颌骨是决定脸颊边缘弧形的重要结构，对头部的大部分修形处理工作都会包含这个部位，所以对它的结构的了解显得非常重要。如图5.32的左图，下颌骨的半侧面下巴与下颌体下缘之间是脸正面与侧面转折的最下端，注意这里细微的边缘变化。在右图中的正面图几乎代表了正面头像的外边线，请读者注意观察下颌角与下巴之间的结构转折。

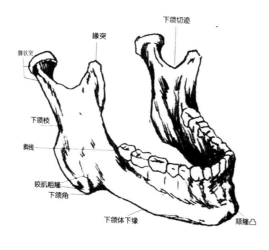
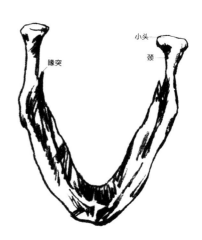

图5.32

仅由骨骼去理解人体结构是不够的，它们只能体现较大的基础结构。读者可以仔细观察，因为肌肉的影响，一些结构显得并不明显。读者如果想要在修整形体时更加得心应手，使结构看起来更自然，平时就必须更多地观察和思考。

图5.33更能说明问题，下颌角与下巴之间还有一个转折，但是，一般情况下，这个转折无法在人脸上识别，因为肌肉的关系只能显现出最明显的颧骨、下颌角、下巴，更多的情况下在下颌角与下巴之间，可以很明显地分辨下巴与中间的下颌体下缘之间的转折（向内凹），而下颌体下缘与下颌角之间都是很自然的弧线。

读者还需要记住的是：这个转折的位置，从下巴开始算，差不多占了 1/3 个下颌骨长。另外，在对人物脸部修形的时候，为了上、下的比例，可能也会一并调节额骨边缘的位置，请观察图 5.33 的左边，额骨边缘在半侧面的时候会被眉弓遮蔽一部分，因为眉弓在额骨之上，比额骨更靠前。

有了上面讲的基础知识，请读者再来看看真人照片上的对应部位，笔者作了如图 5.34 所示的简单标注。

侧面的边缘如图 5.34 所示，每当弧度发生改变，边缘也都跟着发生改变，而哪些弧度大哪些弧度小，谁代表谁是需要去记忆的。从上向下，从额骨边缘向眉弓边缘依次是：变大→变大→变小（上眼睑边缘转折到颧骨边缘）→变小→变小（内弯改变弧度方向）→变大。这个规律是所有的侧面脸部边缘的变化准则，正面的脸部就没有上眼睑边缘、额骨边缘、眉弓边缘和口轮匝肌边缘，消失的额头边缘、眉弓边缘、上眼睑边缘由位于后方的整个颅腔边缘取代，所需要注意的要点也就更少，只需要注意下颌骨一带的转折。当需要压缩宽的脸部时，注意保持下颌角到耳根的倾斜程度。

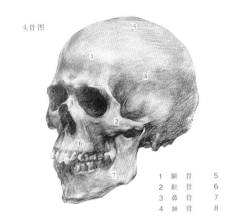

头骨图

1 额 骨	5 顶 骨
2 颞 骨	6 上颌骨
3 鼻 骨	7 下颌骨
4 颧 骨	8 枕 骨

图5.33

额骨边缘
眉弓边缘
上眼睑边缘

颧骨边缘

口轮匝肌边缘
下颌体下缘与下巴转折

下巴边缘

图5.34

5.2.2 简单透视原理

透视在日常生活中几乎无所不在，不论是在机场还是火车站，甚至在巴士上都有透视设备，数学家发表相关的视觉理论后，艺术家与建筑师们也纷纷投入研究与应用，西方以理性与科学方法对透视图法发展得相当成熟，世界各地在线型透视上发展早晚不一，不过在文艺复兴时期它得到了蓬勃的发展，在严谨理性的态度下，透视图法几乎成为绘画表现空间的唯一法则。

可能有很多读者都学过透视图画法，毕竟这是绘画、设计与图学基本的课程之一。不过，笔者也同样相信大部分学过透视图画法的读者都没得到什么机会去应用和实践——尤其是在电脑 3D 绘图盛行的今天。透视图不但显得烦琐、限制多，而且很容易产生错误，最后的结果或许还比不上随便用 3D 软体胡乱建构贴图的模型。不过，真的有那么糟糕吗？

的确，在很多方面来说可能确实如此，但做这样的比较是不完全适宜的，换个容易理解的例子来说：如今的摄影技术已经如此成熟了，绘画会被取代吗？答案不用笔者说，读者也知道不会。下面就简单为读者讲解一下透视原理与方法。

▶▶ **1.透视原理**

透视是用来描绘视觉空间的科学。读者可以设想自己的眼睛可以随时任意飘动、改变方向、改变焦距，人类利用透视原理将绘画技术从平面的轮廓描绘进步到了透视图绘制，这是一个巨大的飞跃。时至今日，人们可以将相机所拍下的事物与透视图法做比较，对透视图又有了更新的了解，摄影技术成为帮助人们更好地去了解、检阅空间环境的有力助手。

透视（Perspective）效果是怎么产生的？这就要提到人的双眼，因为人的两眼间有大约 6cm 的间距，对被观察物而言，其实两眼是以不同的角度来观察它的，所以被观察物会给人一种往后紧缩的感觉。越近的东西两眼看它的角度差越大，越远的东西两眼看它的角度差越小，很远的东西两眼看它的角度几乎一样，因此放得离你较近的东西，紧缩的感觉较强烈，所以说画静物一定要注意透视，画远处的风景就无所谓。

既然所有的东西都会往后紧缩，那么必然会交会在无限远处的点，透视的要诀恰好就在于确定消失点（Vanishing point），一幅画只要所有的物体都延伸聚于相同的消失点，看起来就会合理。读者要让自己处理的作品看起来不突兀，只要把握这个原则就够了。

▶▶ **2.透视方法**

透视方法就是把眼睛所见的景物，投影在眼前一个平面上，并在此平面上描绘该景物的方法。在透视投影中，观察者的眼睛被称为视点（Station Point），根据视点和消失点的关系，透视方法又有一点透视、两点透视、三点透视等，这是根据被观测物的不同来选择的。一点透视和多点透视其实说穿了都是相同的：在被观测物后方找一个消失点，然后让所有的线聚集到该点就是一点透视；两点透视是在被观测物后方往左、往右各找一点消失点；三点透视就是在被观测物后方往左、往右、往上（或下）各找一点消失点，让物体在 3 个方向都有紧缩的效果。

在修形的过程中，改变了透视物体一条边上一个部位的位置，那么，之前与之相对应的对称部位的透视也将随之而变。现在，请读者仔细观察图 5.35 和图 5.36。

在正面看来本该是水平的两个部位，在侧面的连线都向着一个中间点（消失点）偏斜了。

图5.35   图5.36

从人物脸部中垂线来算，靠近观察者的一方应该比远离观察者的一方要大要长。举例来说，如果对如图5.35所示的嘴唇进行缩小处理，结果如图5.36所示，是否觉得有些不对呢？靠近观察者的这一边的缩小程度大过了远离一边嘴唇的缩小水平，这就给人非常奇怪的感觉，因为它不符合人们的视觉规律。同样，竖直方向上的改变也会破坏视觉规律。

5.2.3 修形工具与术语

▶ **1.液化**

液化是Photoshop的一个非常实用的功能，它位于"滤镜"菜单下，它的功能本书就不赘述了，本书主要使用它来修形。在打开图像后，启动"液化"，会弹出专门的液化操作界面，而主要工具就是前面提到过的向前变形工具。需要移动的边有多长，那么笔触的直径就接近这条边的长度，如果要移动的弧线弧度比较大，那么等长度笔触的光标边缘弧线弧度要大于将要移动的弧线弧度，否则就无法完全移动。

在使用液化的时候，读者可以把液化窗口移动到一边，这样就能看到液化之前的效果，方便对比。

▶ **2.削骨**

削骨是整形医学上的术语，本书将它搬到这里来与使用液化工具变形的其他部分区分开，削骨也是修形上用得比较多的一个内容。在将脸颊边缘压缩的时候还得保持固有的结构以及脸部的流畅感、美感，这并不是容易做到的。在后面的内容中会给出模仿练习。

▶ **3.去皱**

去皱本来可以归为磨皮一章，因为其方式相当，与去眼袋一类差不多。但在医学上属于整形类，所以放在这里。皱纹小、对比大可用修补工具修复；皱纹大、对比小可用图章工具进行磨皮处理。

5.2.4 去疵

要去疵，就要先判断什么是疵。而这个标准，注定只能是一个广义的标准，因为每个人的看法都是不尽相同的，这是根据人物的要求、处理者的判断来综合考量的一个内容。

▶ **1.疵的标准**

瑕疵的本意是小缺点、小毛病、不完美。对于肖像上的瑕疵，笔者做了一个大致的总结：

1. 先天固有的胎记、痣或色斑等。
2. 后天造成的疤痕、痘子、粉刺等。

▶ **2.保留与排除原则**

那么对于这些所谓的瑕疵，哪些可以留哪些不该留呢？一般的影楼在处理照片的时候，对非标志性的瑕疵都是通通去掉的。这里的标志性指的是能表现个人的象征，例如玛丽莲·梦露的痣就几乎成了代表她本人的东西。还有一个例子，"淑女屋"的所有广告模特都是清一色的雀斑女性，这也取得了大众的认可。笔者认为：如果是黑色的深色痣，尽量给予保留；如果是浅色或者红色则去掉，浅色的痣就像色斑，而红色的痣更像是水痘；对于一般人脸上的胎记，或

经验总结

前面我们提到了景深，还有一个术语叫像深，它们之间的关系如何呢？

像深是景深前界和景深后界分别共轭的两个成像平面之间的距离。像深与景深相对应，像深越大，景深也就越大。

许没有人认为长在脸上会好看，不过胎记比较难以去掉，这是一份很细很苦的差事；至于疤痕，除非个人要求，以正常的审美来看，它是不值得保留的；痘子、粉刺也都是不健康的表现，没有人会想要留住它们。

5.3 实际修形去疵示例

5.3.1 修形实例

下面通过一则实例，讲述修形的具体处理细节，先来看原片，如图5.37所示。

01 用Photoshop打开图片，执行"滤镜"→"液化"，如图5.38所示。对象的鼻头宽大、脸颊稍宽、眉厚、手臂粗大，集中了较多需要处理的问题。

图5.37

图5.38

02 选择左上角的向前变形工具，然后放大头部局部，如图5.39所示。这里最好使用Ctrl+空格键+单击鼠标左键或框选的快捷方式，虽然也可以选择左下角的放大工具进行放大，但使用快捷键不会改变当前使用的工具，避免了在两个工具之间来回切换的麻烦。

图5.39

03 第一下先将下巴向里推了一点，因为右边的骨点更靠近观者，适当地压缩左边骨点可以增强透视。由于人物的脸形比较标准，除了下巴稍微宽大和颧骨边缘到口轮匝肌的转折稍微不连贯，基本上没有什么问题，接下来还需要收一收下巴，如图5.40所示。

图5.40

04 将左脸颊向上抬一抬，使下巴与下颌的转折加大。这样，两个面都显得不那么宽了，如图5.41所示。读者应当注意，移动的范围没有笔触外围那么大，在连着头发的下颌边缘处，是连同头发一起向上提升的，注意稍微地顺着头发的走势涂抹，否则很容易将头发错开。

图5.41

05 处理左脸颊颧骨与口轮匝肌边缘的不连贯感，因为在女性的结构上，如果转折太过于明显是会破坏美感的，结果如图5.42所示。注意比较图5.40中颧骨与口轮匝肌边缘形成的向内凹的弧线长度，读者的笔触直径应该稍稍长过它，否则，无论怎么小心，都无法将其边缘修得平滑。

图5.42

06 处理右眉毛的时候需要比较仔细，因为眉毛周围挨着眼眶和人物边缘，眉毛本身又具有转折。为了不改变眉毛在竖直方向上的坐标，可以使用小笔触进行上、下挤压，在靠近边缘的时候要特别小心，不可改变其他部位的形状。眉毛下边接近于一条直线，但碍于眉毛的宽度和下边的眼眶，必须将笔触缩小，分成三段向上挤压，如果笔触覆盖眉毛的话，就会将其一起提升，甚至可能会影响到眼眶。眉毛上面部分有一个转折，因为眉毛上面比较宽阔没有阻碍。所以，读者也可以从转折的两个边分别挤压，只是在靠近左边边缘的时候，控制笔触尽量不要越界，结果如图5.43所示。

07 处理左眉需要多注意一些东西，那就是成角透视，即人物左脸更靠近观察者，眉毛压缩程度必须小于右眉。长度不必修改，但是眉毛转折需要注意，由于透视关系，在压缩左眉转折的时候，请注意不要超过右眉，结果如图5.44所示。

图5.43

图5.44

08 再向下修形就到了鼻头，原片人物的鼻头比较宽大，影响到美观，需要缩小。先将笔触调大，目标是照片右边的鼻翼部分，将之向左拉动，为了保证其不变形，可能会分上下两次来进行。对右边鼻翼的位置调整，可能使得左边鼻翼因为透视的原因，显得偏低了。缩小笔触，将左边鼻翼的下边缘向上挤压；然后放大笔触，将左边鼻头和鼻干边缘向中间稍微挤压，由于之前鼻头过大，使之与鼻干边缘很难区分，现在缩小了，需要将之间的转折表现出来。缩小笔触，在鼻头与鼻干之间向中间稍微挤压，同理它们的右边缘也如此，只是由于属于受光面，只能看到调子的边缘，调节这个边缘即可。最后，左边鼻翼压缩带来了一个问题，与鼻头下边缘的转折不太自然，将鼻头缩小在转折处从内向外稍微调整。笔者在处理这个鼻子的时候，由于鼻翼是圆形，向左移动后可能会意外地使很多面都变形，这就需要将液化窗口拖动到旁边，与原图仔细比较，慢慢修形，如图5.45所示。

图5.45

09 头部的整形完成后，放大局部到右手臂位置，如图5.46所示。由于手臂很长而有转折的弧线又不多，因此笔触放大调节会方便许多。先将手臂外缘向内挤压一点，注意的不光是手臂的连贯，还有搭在手臂上的头发。手臂内边缘露出线条的只有前臂的一部分，也进行少许挤压（因为会连动到衣服）。上臂的内边缘被左边胸部遮住了，我们可以移动左边胸部的边缘向手臂挤压，产生些许假象。注意图中笔触的弧度大于胸部边缘的弧度，这样才不会改变胸部的弧线。而右边手臂在照片右下角显示了其宽度，也是唯一一个显得宽阔的地方，因此还得压缩这个位置的宽度同时保持手臂其他位置的连贯，完成后如图5.47所示。

应用参考如图 5.48 所示。

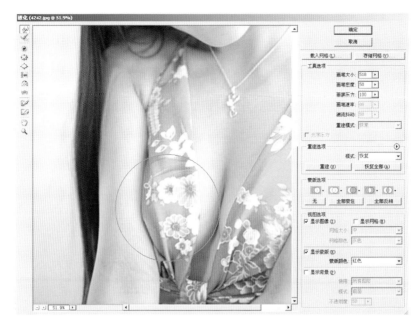

图5.46

图5.47

图5.48

5.3.2　去疵实例

　　接着为读者展示一个去疵的实例，本节为了说明方法，去除了人物脸部的浅色黑痣。读者在实际去疵时，可以根据黑痣的深浅和人物的要求来判断取舍，原片如图 5.49 所示。

01　关于修补工具去疵，前面章节已经详细地讲解过了，关键在于判断瑕疵部位的调子。如图5.50所示，框选好瑕疵区域，然后进行拖动。拖动过程中，瑕疵区域就可以即时预览效果，和周围比较一下，看是否色调一致。

图5.49　　　　　　　　　　　　　　　　　　图5.50

02　确认色调与周围一致后松开鼠标左键，完成修补，效果如图5.51所示。

　　应用参考如图 5.52 所示。

　　到这里，本章就结束了。笔者在讲解修形的时候，全程都使用的是最基础的 Photoshop 工具，目的是希望读者能够先掌握基础知识，而后在第 8 章会有针对这些工具的详细讲解，帮助大家的操作水平更上一个台阶。

图5.51　　　　　　　　　　　　　　　　　　图5.52

第6章 调子细节统一及图像视觉重心定位

　　视觉安定与形式美的关系比较复杂，人的视线接触画面，视线常常迅速由左上角到左下角，再通过中心部分至右上角经右下角，然后回到画面中最吸引视线的中心视圈停留下来，这个中心点就是视觉的重心。但画面轮廓的变化，图形的聚散，色彩或明暗的分布等都可对视觉重心产生影响。图像视觉重心定位是一个主观的意识，视觉重心可以是任何调子、任何块面物体，一旦确定，之后的工作就是弱化其他部分来强调衬托这个重心，这些对比可以是色彩或细节刻画。

　　本章由前面的基础过渡到符合视觉的审美原理讲解，包含两个内容：调子细节的统一与图像视觉重心的定位。在平面构图中，任何形体的重心位置都和视觉的性有紧密的关系，因此画面重心的处理是平面构图探讨的一个重要的方面。对于照片的后期处理来说，你所安排的图像视觉重心就是你最想展示给别人的部分。

　　本章分为6节，第1节对一些典型的照片进行了点评，第2～5节是各种因素的判断准则，第6节则是实际操作的例子，包含了相应的 Photoshop 技法。

"别告诉我你更注意那只碗，或者说是因为你饿了！"

——笔者语

6.1 调子与重心调节效果对比点评

调子指的是色调和光影调子，本书中的调子细节统一的意思就是同一物质同一调子中，各部分的对比度一致，不会粗糙的粗糙，精细的精细。在 Photoshop 中，要调节色彩平衡可以通过调节色调来进行，而对色阶的调节则可以改变光影调子的比例。

重心指的是图像的视觉重心，可以通过降低或提高对比度、细节层次来进行转移，因此对应的 Photoshop 技法也是综合的。

6.1.1 调子调节

图 6.1 所示的红黄暖调子，经过色彩平衡调节变成了如图 6.2 所示的蓝绿冷调，这是色调调节。读者可以对比前后视觉感觉的不同。

图6.1 　　　　　　　　　　　　　　　　　图6.2

　　图 6.3 所示的照片色域较大，各调子之间对比缓和，通过压缩色阶，改变调子的范围后变成了如图 6.4 所示的效果。色域被压缩，照片深色更深，浅色更浅，中间色调减少，色彩饱和度更高，这是光影调子调节。读者感觉到对视觉观感的影响没有？

图6.3 　　　　　　　　　　　　　　　　　图6.4

6.1.2　视觉重心制造

▶ **1.削弱细节层次制造视觉重心**

图 6.5 将除眼睛以外的区域模糊，形成一种虚实对比，使人的视线更容易集中到容易分辨的眼睛上，属于前面讲的改变对比度制造视觉重心。

图6.5

图 6.6 将右方的脸以及靠后一点的头发模糊，使人更容易把注意力集中在更靠近观察者的右脸上，这是在符合了空间透视原理上制造的视觉重心。

图 6.7 将脸部边缘稍微模糊，使人的注意力更容易集中在面部中间的眼睛部位。

这里讲的视觉重心的制作方式都是通过模糊一些区域来衬托另外的区域，属于削弱细节层次（模糊部分）来完成的。

▶ **2.改变对比度制造视觉重心**

对比图 6.8 和图 6.9，通过提高和降低对比度是可以人为制作视觉重心的。

图6.6

图6.7

图6.8

图6.9

▶▶ 3.视觉诱导制造视觉重心

　　一般来说，大多数人像摄影的视觉重心都会是在面部，但不是绝对的。图 6.10 右边偏上大面积的单一的红色门与左下小面积的富于变化的红形成强烈对比，无论是形式还是色彩，都在将视线向人物诱导。

图6.10

图 6.11 也属于此类，背景浅色的白到人物帽子的奶白色再到人物面部，色彩感觉逐渐加强，形成了视觉诱导；另一方面单调的背景、模糊的帽子边缘与精致的人物面部又形成一种凝聚的诱导。

图6.11

▶▶ **4.人为改变视觉重心**

　　如图 6.12 所示，且不讨论技法，由图像中心的人物上半身的强对比向外逐渐减弱，配合本身的深色（地面、树林）到中间调（灰色的裙子、椅子）再到浅色（人物肤色），使得画面非常有凝聚力，视觉重心由明度对比产生。

图6.12

下面再来看同一图片的不同效果，如图 6.13 和图 6.14 所示，利用颜色与明度的变化，可以让视觉重心发生转移。

图6.13

图6.14

6.2 色彩平衡调节的依据

色彩平衡只是一个工具，一开始使用它的时候可能会觉得十分有趣，可以转变各种颜色又不会留下痕迹。但如果没有应用的目的性，想控制住这个工具——或者说自由改变色调是很难的，就算调节出好看的颜色，也不一定就是你自身的能力，因为你无法保证下一次能做到同样好。

6.2.1 Photoshop 色彩平衡工具

下面，先来看看 Photoshop 的色彩平衡调节面板，打开的路径是"图像"→"调整"→"色彩平衡"，快捷键是 Ctrl+B，面板如图 6.15 所示。

面板中有两个内容,一个是"色彩平衡";一个是"色调平衡"。现在就分别说明它们的功能,这里使用如图6.3所示的原片。

色彩与色调的平衡是相互制约的,首先将黄色→蓝色条向右移动,色调平衡选定"中间调",如图6.15所示。读者可以看到如图6.16所示的效果。

图6.15

选择中间调,那么系统就会自动识别,将不同明度的颜色分成中间调、高光和暗调。选择中间调再调节黄色→蓝色条,就是将中间灰色调子里的黄色和蓝色进行转换,而处于高光和暗调的黄色和蓝色,就不在这个调节影响之下。不明白的话,选择阴影,同样调节黄色→蓝色条,还是向右移动,暗调里面低明度的黄色渐渐转变为蓝色,注意背景墙面,如图6.17所示。

图6.16

图6.17

选择高光，调节黄色→蓝色条，仍然向右移动，处于高光明度里的黄色逐渐转变成蓝色，如图 6.18 所示。如果在调节阴影，向右移动黄色→蓝色条的同时，勾选了"保持明度"，转换的蓝色也有了与暗调中黄色一样的明度，如图 6.19 所示，看起来是不是比图 6.18 要自然？

这里要着重强调色调平衡里的"保持明度"选项，前面的例图都是没有勾选此项的，因此在调节所有调子里面的黄色时，将它们向蓝色移动所转换出来的颜色就是蓝色，没有明度和饱和度上的差异。假若勾选了"保持明度"，那么在各调子中转换的时候，转换出来的蓝色就与此调子中转换前的黄色明度一致。这个选项的好处是，调节颜色的同时不会破坏明度——这会影响到调子。"保持明度"是一个很重要的选项，可以省去很多工作。

图6.18

图6.19

6.2.2　色彩平衡调节判断

在了解了色彩平衡的工作原理之后，读者还需要学习判断一张照片是否真的需要色彩平衡调节。一般地，色彩平衡可以分为3个功能：

1. 对于已经具有某种色调搭配的画面，色彩平衡可以将这种搭配效果增强或改变成另外一种色彩搭配。

2. 对于没有色彩搭配的画面，可以稍微调节使之具有色彩搭配。

3. 可以根据颜色冷暖来进行指导、调节，以改变画面的冷暖。

在进行色彩搭配之前，后期处理人员就应该思考上面3点。而不是"调着看，凭感觉"，这往往会浪费很多时间，而且是比较外行的做法。

6.2.3　Photoshop 色相 / 饱和度工具

Photoshop 的色彩平衡工具与色相 / 饱和度工具都可以用于调节颜色，但"色相 / 饱和度"选项里面有更自由的调节方式，如图 6.20 所示。

图6.20

可以看到，它多出了饱和度与明度的调节，饱和度调节是色彩平衡无法做到的；而明度，色彩平衡也只能保持与某个颜色相同而已，无法自由调节。色相的改变更加自由，编辑子菜单下可以选择单一的颜色进行个别调节。不过，这对于初学者来说并不好用。

调节"色彩平衡"时，两边的颜色都有着鲜明的对比，很容易调出自然规整的效果。而由于"色相 / 饱和度"调节的自由性，或者个别人对颜色不敏感，无法分辨出画面里的复色（3 种以上的不同颜色的混合）里面含的是什么颜色，就很容易将画面弄花。但总的来说，在熟练的人像后期工作者手里，这就是一个最常用的工具，配合 Photoshop 强大的选区制作功能，"色相 / 饱和度"能让后期处理人员自由地操纵颜色。

这两个工具就像 Photoshop 与 Painter：Photoshop 可以表现出 Painter 的所有水平，但却没有 Painter 那么平易近人；虽然操作更简单，不过 Painter 也无法拥有 Photoshop 那么强大的图像处理能力。

6.3　光源强弱调节的依据

　　光源产生调子的规律是：强光源产生高对比的调子，弱光源产生低对比度的调子，如图
6.21所示。

图6.21

　　这些调子对比度的变化是同时发生的，也就是说，如果只增强某一个调子与相邻调子的
对比，而不增强所有的调子，那么就会不符合光源的规律，如图6.22所示。

图6.22

左图是修改前的自然光拍摄；而右图只压缩了亮灰，没有增加中间调和阴影的对比。显现出来的效果就是增强的亮灰与阴影及中间调格格不入。

▶▶ **1.加深**

可以看到，当对比度提高，调子有色范围缩小，饱和度提高。而 Photoshop 的加深工具 正是用于提高饱和度，和色相／饱和度工具一样。不同的是，这个工具需要使用笔触的方式手动画到图像上。

▶▶ **2.减淡**

减淡工具 是在图像上添加白色，而不是降低饱和度。很多人说减淡工具和加深工具是相反的，这并不准确。减淡工具有 3 个选项：阴影、中间调和高光。它会自动识别被操作图像中的调子范围：如果选择高光，那么在阴影调子中是产生不了任何效果的；但是若选择高光或者中间调任何一个，都能在高光和中间调中加入白色。

加深和减淡这两个工具互相配合可以用来调整因为整体对比改变而产生的一些瑕疵，也常用来添加高光，增强立体感。说到这里，就不得不提一下与加深、减淡工具同处于一个按钮的海绵工具 ，很多人弄不清楚它与减淡工具的区别。下面用实际效果来进行说明，请读者观察图 6.23。

图6.23

图 6.23 中腿左边的灰色笔触是海绵工具的涂抹结果，右边则是减淡工具的涂抹结果。由此可以得出结论：减淡工具是加入白色，而海绵工具只吸取颜色，并不改变明度，再观察图 6.24 中无黑色区域的结果。

图中上面的灰色是用海绵工具，下面是用减淡工具处理的。可以发现，效果很近似，但是即便在浅色区域，海绵工具也不会去掉确定皮肤明度的浅灰色。

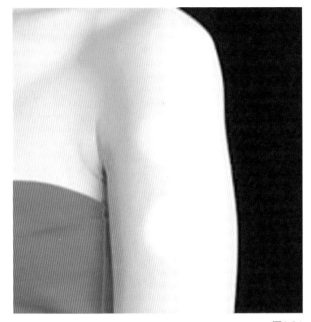

图6.24

6.4 视觉重心调节的依据

前面已经提过，视觉重心的调节属于审美范畴，有重心就必须要有东西去衬托，这包含了色彩、对比度、明度、疏密等的对比，同一画面可以同时拥有多种对比而不冲突。通俗地说，视觉重心就是让人觉得有趣，比其他地方有看点的部分。

6.4.1 有视觉重心才有艺术效果

艺术效果必须建立在视觉重心上，有对比才有美，符合人的视觉习惯才能让人接受。就一般的照片而言，人像上除了固有的服饰搭配可以产生视觉重心，镜头焦距的运用也可以产生远近层次的强烈对比，我们还可以充分利用镜头完成照片构图。除此之外，要想再有途径形成视觉重心，就只有通过后期处理来人为制造。

通常来说，视觉重心由下面的几方面产生：

▶ 1.色彩及明度的凝聚

色彩凝聚的效果如图 6.25 所示。

色彩发散的效果如图 6.26 所示。

图6.25

图6.26

颜色的凝聚和发散包含两个方面：首先是颜色的纯度，超过了3次色（3个或以上颜色的混色）纯度就很低了。凝聚就是指连成一片的颜色，而且对纯度有要求；发散则相反，对纯度没要求，颜色比较零散，没有明显连成一片的高纯度色彩。图6.25中高纯度的红色连成了一片，相比图中其他的黄、绿、蓝，可谓非常显眼。图6.26中所有的色彩都没有明显的单一色块凝聚，都有所间隔，虽然绿色看起来是连续的，但其体态狭长，无法形成视觉上的一块。

明度凝聚的效果如图6.27所示。

明度分散的效果如图6.28所示。

图6.27   图6.28

明度的凝聚是单指向性的，只表示由高明度到低明度的凝聚，白色到黑色的凝聚；与之相反的就是明度的分散。为什么不用发散这个词呢？因为发散都有一个中心点，而由高明度到低明度的发散就形成了以高明度为视觉重心条件的诱导，所以只能用分散来与凝聚相对。图6.26中周围的高明度颜色逐渐向衣服中的明度最低的黑色过渡。图6.27中的深色灰色星星点点毫无规律地分布，远看就如同装饰画，没有明显的高明度对比。

▶▷ 2.粗糙到细腻的变化

　　粗糙到细腻的变化通常是根据图像上的所有元素而论。如果非要比较粗糙和细腻的话，必须根据图像显现出来的情况而定，不一定是质感，也可能是大的块面之间的比较。如图 6.29 所示，粗糙的树叶使装扮细腻的 cosplay 人物更为明显，此为粗糙衬托细腻，一般而言，粗糙与细腻共存的画面都是使用粗糙的对象来衬托细腻的对象的。

▶▷ 3.对比度的改变

　　前面已经展示了很多对比度改变的例子，那些通过模糊来制作视觉重心的例子都是通过削弱一部分的对比（模糊）来实现对比度改变。而对比度高的部分，才能为视觉重心提供前提条件，如图 6.29 所示。

图6.29

▶▷ 4.形状的突变

　　形状突然转变能造成视觉趣味，这就仿佛在清澈的水中滴入一滴墨，茫茫草原上伫立一棵树那样吸引眼球。从前面的那些例图可以看出，变化大多来自于服饰。在肖像照片上（人物在画面比例一半以上）的服饰是改造的重要因素；而在场景比较重的人物摄影上（场景占一半以上比例），场景就成了改造的重要因素。

　　这些方式都能使画面看上去更有看头，但那个看头美不美，则是艺术工作者的能力问题了，这些方式只是诱导观者去注意，就像是卖家的吆喝者，只能拉到更多的顾客，但顾客产不产生兴趣，还要看商品如何。

6.4.2　模糊和锐化

模糊和锐化从本质上来说是提高和降低颜色的对比度,锐度越高,颜色就越接近三原色(红、黄、蓝);锐度越低,颜色混合次数就越多,颜色就显得越灰,看起来也就模糊不清。从视觉规律上而言锐化代表近,而模糊代表远,但是利用相机的焦距可以令这个规律颠倒而随意表现拍摄者的着重意图。

图 6.30 所示的照片囊括了近、中、远三景,近处人物锐度、对比度较高(可以清晰地分辨细小的五官及衣纹,甚至书本上的字母)逐渐减弱到中景(一只打开的箱子,只能看到里面装满了东西但无法分辨)再到远景(模糊不清的树丛)。

图6.30

6.5　同异质感协调的依据

在绘画课上,老师会讲到一个问题,就是协调大调子,什么是大调子呢,也就是前面所说的黑白 5 调子,假设对象是一种物质的表象,那么这个调子就很容易协调了。如果是多种物质的图像,各自的质感也都不同,那么在后期工作处理整体大调子的时候就不能一视同仁了。因为各种效果会改变质感,破坏质感,一个人物的皮肤你可以磨得没有质感,但我们还可以辨认对象,如果是不同布料的衣物处在一个环境下,就必须得保留它们的质感。在一个大环境中,根据光源的方向有前后的强弱之分,而在每一个物件上也都有自己的强弱调子,小环境得遵循大环境的整体变化,而各物质的质感在某一个位置要找到平衡点,要都有所体现。如果是两种物质的画面，可以放弃一种质感弱的物质的质感，而保留另一个，所有的做法目的只有一个，区别各物质，光是造型是不够的。先来看一组石膏素描图，如图6.31所示。

石膏的质感比较中庸，表面粗糙程度一般，相比桌面要细一些，桌面可以用线来区别与石膏质感的不同，还记得上一章的章首页油画吗，如图6.32所示。

图6.31

图6.32

经验总结

通过油画的表现，我们可以分辨出各种物质的质感：皮肤、丝绸、金属、贝壳装饰，不必了解质感的特性，但在对其进行处理时，必须要留住调子的一部分，而这一部分不是随便留的，根据光源来的方向，最接近光源的物质保留的范围最小可到明暗交界线，而往离光源远的地方依次提高保留的范围，最多可以保留完全。所有物质的暗部质感体现都很弱，但要注意差异很大的物质，还是要保持对比。质感相近的物质的暗部，区别可以不要。

6.6 实际调节示例

我们来展示一下视觉重心的一个制作过程，先来看原始图片，如图6.33所示。

当镜头聚焦在无限远时，位于无限远的景物结成清晰的影像，同时在有限距离某一点上的物体也能达到清晰的标准，近于这一点的物体就模糊起来。那么，这个物体到镜头之间的距离就是超焦距。超焦距越大，景深越小；光圈越大，超焦距越大。光圈开大一级，超焦距就增加0.5倍；焦距越长，超焦距越大。

读者可以尝试一下：

如果某光圈的超焦距为10m，则调焦在10m时，景深为5m～∞，使景深增加了1/2超焦距，即5m。运用超焦距的原理可以把景深范围内，不同距离的动体都清楚地抢拍下来，免去调焦时间。

图6.33

对原图稍微进行一下前期处理：色阶、磨皮，如图6.34所示。

图6.34

02 由于镜头的自然聚焦，背景显得模糊，在原图上已经将主体物定格在了人物上。而人物目前体现出来的明度是向身体上半部分加深诱导的，黑白灰格子群形成一种灰色向上缩小（腰部）然后过渡成为黑色的上衣，上衣延伸到左边披下来的头发之间形成了整个画面最重最黑的部分，而自然伸展的手臂与逐渐向上变亮的头发都像是从最深的部分发散出去的，这是一种明度的视觉诱导，而背景的绿色到白色，是贴着人物的边缘的更浅的调子，对比下半身的裙子与之轮廓接壤的阴影，上半身与背景的对比更强烈，对于这种原图已经具有视觉重心的照片，我们可以做的就是强化这个重心，使它更为明显。分析全图，重色集中在颈窝周围，而这些重色包围的面部与这些重色形成了全图最高的对比度，为了强化这种视觉刺激，应增加一些色彩对比，然后上半身衣服的黑色面积太大，对比不强，显得有些死板。这些就作为改造的目的。为脸部增加些色彩，制作如图6.35所示的图案。

03 将图案移动到原图中与脸部皮肤重叠在一起，调节图层混合属性为：颜色加深，如图6.36所示。

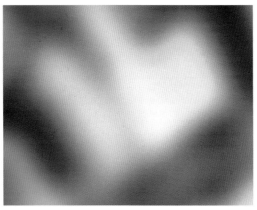
图6.35

图6.36

图6.37

04 图案的制作，其实比较随意，为了给脸部多一点颜色，连续画了3个并排的临近色模糊，临近色的色相也随意，因为在Photoshop下可以更改。

另一组改善裙装单一块面的纹理如图6.37所示。

05 　随意画几个中性色和冷色，然后用液化工具的顺时针旋转扭曲工具将之扭曲，以至于图层混合后的颜色不那么呆板，如图6.38所示。

图6.38

06 下半身选择冷色是为了和面部产生对比，而且一定要用低饱和度颜色才能在纯度上产生
强对比，删除掉不需要的部分，效果如图6.39所示。

图6.39

07 应用色彩平衡后效果更加明显，如图6.40所示。

图6.40

08 冷调中唯一的暖色，所有的视线都集中在这里，或者说另一种偏红一点的冷调，如图6.41所示。

09 图片中到处都有低纯度的红色，最纯的仍然是处于面部的色彩，这是复制图层，执行了红色的彩色半调命令并进行图层混合模式改变，然后用橡皮擦除人物相关部分得到的效果。半调的好处是会在整块的颜色中留下空白，这样在图层混合后颜色就会星星点点，产生与视觉重心位置色彩的对比了。

图6.41

第7章　萃取及再创造

　　萃取的本意是利用物质在不同溶剂中的溶解度不同，将物质分离出来，这是一个化学术语。但在本书中，也用它来泛指将图像与背景分离的方式，这类方式在同一软件中或不同软件中都有很多种，其特点和方便程度也各有千秋，本书只讲解在 Photoshop 中的不同方式。在照片后期乃至艺术设计中，萃取都是常用的手段。

　　确定构思后选择想要的部分，然后通过软件将这些部分分离，用于设计组成其他画面的一部分，这就是所谓的再创造。

　　本章重点在于萃取的讲解，并为读者提供了一些再创造的运作手段和思维方式，以方便很多只学过基础抠图的读者了解。本章第 3 节将概括讲解设计成品之间的转换过程所涉及的知识面、思维方式，以及与软件的互动，并且在第 4 节中用实例进一步说明。

"当看到一张漂亮的图片时，普通人会只是觉得漂亮，而美术工作者会问自己：为什么漂亮？这才能引导你的创作之路。"

——笔者语

7.1 再创造效果对比点评

再创造与原图点缀是照片后期处理中两个含义相反的创作过程，除了背景分离的差异外，再创作对分离对象的改动也常常很大。下面就请读者看几组图片，这可以更好地了解它们的差异。

7.1.1 再创造

再创造的意思是将已经有原始环境的某个元素从始环境中提取出来，投入到另外一个创作的环境中，请读者欣赏并仔细观察下面几幅典型作品，如图 7.1~ 图 7.5 所示。

图7.1

图7.2

图7.3

经验总结

镜头有效通光口径（光束直径）与焦距的比值叫相对孔径。相对孔径越大，镜头就越"快"，如1:2.8、1:3.5 ~ 4.5 等。在变焦镜头中，一般把相对孔径固定的镜头称为专业镜头，把相对孔径不固定、但相对孔径在 1:2.8 ~ 1:4 之间的镜头称为准专业镜头，其余则称为普及型镜头。

图7.4

图7.5

这几幅再创作的作品中的人物与背景是一种平面构成的结合，不仅背景是后期制作的，而且人物也做过相应的处理，在再创造中，被提取的人物常常会被改造，以"适应"新环境。

7.1.2 原图点缀

原图点缀是直接在原始图片上堆积元素，利用原始图片中已经具有的成分为依据，进行补充创作，请读者欣赏并仔细观察下面几幅典型作品，如图 7.6~ 图 7.8 所示。

图中的人物鲜有改动，装饰性的元素以人物的色调为基准着色。读者可以留意图 7.6 中的人物帽檐与背景之间显得非常自然，而图 7.7 则相反——毕竟背景已经完全更换了，可以将人物整体进行去色，这也充分证明它是一个单独的个体。

读者要严格区分这两种方式的意义不是很大，关键还是在于：选择了其中一种方式来进行创作后，该如何着手？这才是本章的重点。

图7.6

图7.7

图7.8

7.2 抠图的依据

抠图是一种业界的形象说法，也就是将图片上的某一部分从背景或与之接壤的东西上分离出来。本节的内容就像前面的基础课程——磨皮一样重要，它是 DGD（电脑图形设计）的基础。

不同的图像有不同的抠图方式，而图像的用途也是判断选择抠图方式的依据。下面罗列这些抠图方式有一些是综合的，有一些是单独的。本书以某种工具的名称来为某种抠图方式命名的原因是该工具是该抠图方式中必不可少的一部分。本节的内容既是基础又是难点，因此笔者将详细地罗列每一个步骤，并介绍必要的理由。

7.2.1 钢笔工具

钢笔工具 ,位于工具面板第 3 个区，如图 7.9 所示，快捷键是 P。

钢笔工具组包含一系列工具，即钢笔工具、自由钢笔工具、添加锚点工具、减少锚点工具、转换点工具。抠图频繁使用的是钢笔工具。例图是 Photoshop CS4 版的工具箱，较前一个版本，钢笔工具没有任何变化。

选用钢笔工具非常方便的一点就是通过辅助键和位置的改变可以转换成钢笔工具组里任何一项。当选定钢笔工具的时候按住 Alt 键将光标移动到任何一个锚点上单击（转化成直角）或拖动（转化成曲线）都能改变锚点的性质，这个时候，光标也相应地变成转换点工具的图标。

或许有人对直角和曲线不太理解：在使用钢笔工具描绘路径的时候要产生很多点，有的时候需要下一段曲线无法影响到前面一段曲线时，就会将这两端线段之间的点进行转换，这样在使用调节杆改变下一段曲线的造型时，就无法影响到前面的曲线了。相反，需要两段曲线转折得十分自然就要让线段之间的点是曲线点，请读者参照刚刚的介绍观察图 7.10 和图 7.11 的标注。

图 7.10 中将线段中间的点转化为直角以便勾勒方向不同的两段曲线，这是转换锚点为直角的较常见的一种用法；图 7.11 中展示了全程曲线描绘最擅长的处理目标：逐渐变化的同方向的曲线，弯曲的膝盖形成了一段由上到下弧度逐渐增加的曲线。

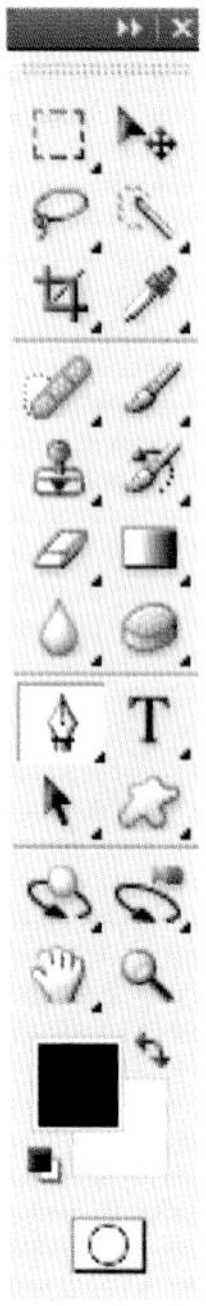

图7.9

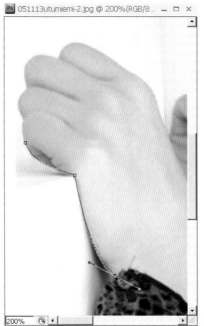

图7.10

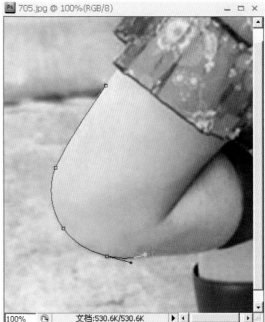

图7.11

调节杆是由曲线锚点延伸出来，用来调节曲线弧度和方向的工具。在选定钢笔工具的情况下，按住 Ctrl 键将光标移动到调节杆的黑头处，按下鼠标左键就可以进行调节了，若所有拉杆的黑头移动到与之相连的锚点并重合，则曲线的弧度为 0，也就将控制的曲线转化成了直线。移动锚点的位置与移动调节杆黑头的方式一样。

锚点位置的选择是比较随意的。一般来说，为了避免产生白边，锚点一般都会在所描对象边缘的内侧，而锚点的数量决定描绘边缘的细节丰富程度。这也不是说越多就越好，对于一段平滑的曲线或直线，太多的锚点反而会破坏它们的平滑。

除了在描绘过程中将直角点转化为曲线和将曲线点转化为直角点之外，如果在描绘过程中想将下一个点描绘为直角，只需要在选定下一个锚点位置的时候单击一下鼠标，而不是按下并拖动鼠标。另外，在描绘对象时，可能会在平滑曲线上产生多余的锚点，读者只需要将光标移动到这些点上，它会自动切换成锚点删除工具，单击就可以删掉锚点，也可以按住 Ctrl 键拖动框选或逐个点选后按 Del 键一并删除。如果由于开始描绘得比较粗糙而后又想增加锚点勾勒出更细致的转折，可以在想勾勒出的转折中的线段上单击鼠标左键，这样就能产生一个锚点。下面请读者观察图 7.12，在各种曲线转折情况下的锚点情况。

这是一个非常典型的例子，腿的右面边缘非常平滑，只需要在中间设立了一个曲线的锚点就可以将外轮廓描绘出来；而左侧则必须进行若干次的直角锚点转化，可以观察到左侧的曲线变化比右侧多。

很多读者在初次接触钢笔工具的时候感到非常别扭，这往往是以下原因造成的。

1. 不了解或者不熟悉转换点工具，一味单纯使用直角点或曲线描绘。

2. 锚点安排的位置不恰当，全凭感觉安排锚点，造成描绘效率低下又不知解决办法。

第 1 点在前面已经比较详细的说明了。有的人在给别人介绍经验时，因为这个问题不好表达，干脆让别人无论什么情况下都在每次描绘完一个曲线点后，在描绘下一个曲线点前，将刚刚定好的曲线点转化为直角。这样做确实有一定好处，但这并无助于初学者理解这个工具，而且很容易产生不平滑的感觉。

第 2 点是前面没有讲到的，其道理也很简单：两个锚点之间的边缘应是一个弧度，这个在图 7.11 中的锚点可以看到。如果同一弧度的一段边缘超过了两个锚点，那么就会多余出锚点，并造成不平滑的感觉。如果两段或更多不同弧度相连的边缘中间没有锚点，只有两端有，那么肯定描绘了多余的部分或某些部分没办法描绘到。请注意图 7.11 中，从上到下第 2 个锚点到第 5 个锚点之间的 3 段不同弧度的弧线分割。

下面进行一次完整的抠图，原片如图 7.13 所示。

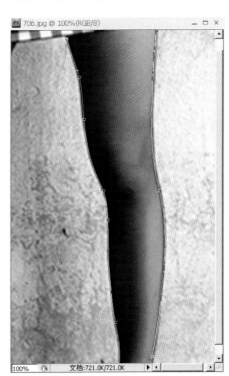

图7.12

图7.13

01 在选择照片的时候，注意要抠出背景的部分与周围与之接壤的对比度。如果对比度很弱，很难分辨边缘是否适合用来抠图处理的，如图7.14和图7.15所示，读者可以看看标识的部位，很难判断其边缘，而图7.13所示的原片则能很好地分辨。

图7.14   图7.15

02 将图片放大，从局部开始，放下第1个锚点，无论使用平滑点（拖动产生）还是角点都行。读者一定要注意，在使用钢笔工具勾图时，锚点要选择在边缘的内侧，如图7.16所示。

03 拖动调节杆与弧线相切，拉出第2个平滑点，这样在投下第2个锚点时就能与边缘很契合，请注意头部的边缘，这是一段弧度逐渐变小的同向曲线，所以这里都是用平滑点，如图7.17所示。

04 调节调节杆，注意平滑点的方向与曲线的隆起方向是相反的，将上方的调节杆向上拖动，同时注意左右移动微调以保持曲线置于内边缘，如图7.18所示。

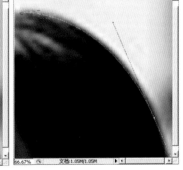

图7.16   图7.17   图7.18

经验总结

本节所提到的内侧包含两个信息：一个是指边缘的里面；另一个是除去边缘较为明显的环境色，这样在将图片移动到其他环境中时，就不会因为不同的环境色而显得不自然。比如例图中头发受自然室外光线泛蓝的外边缘，这就应该用钢笔工具隔离开。

05 沿着边缘向下的曲线方向会发生改变，但只有短短的一段。如果读者尝试用平滑点投入到这段新方向的曲线里，就会发现：只要锚点在这段曲线里，连接的曲线都会变得扭曲，如图7.19所示。

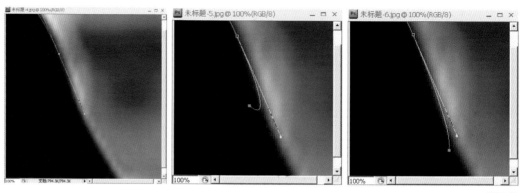

图7.19

06 如果将锚点投到调节杆右侧，如图7.20所示，产生的曲线方向就正确了。当勾勒的曲线方向发生转变时，而前一个点是平滑点，则新锚点必须在与前面曲线相切的调节杆另一侧才会有方向的改变，而同侧始终是同一方向。锚点越近，弧度越大，反之亦然。

07 图7.20仍然未能完全解决问题，因为其调节杆已经在边缘以外了，没有办法将曲线描绘到正确的位置，这时就需要转换上一个平滑点的属性了——将之变为角点。按住Alt键单击前面的平滑点，转化为角点后，后面产生的曲线就不会受到影响，也就是随便向哪个方向弯曲都行，结果如图7.21所示。

经验总结

虽然钢笔工具在描绘曲线时，不论将构成曲线的第2个端点放在要描绘的曲线上的哪个位置都能通过调节杆将其调节平滑。但是，更多的时候，位置放置不合适会带来小小的麻烦，比如调节杆需要拉伸到很长才能调节好，甚至超出了画布。对于这个问题，在分段描绘曲线的时候，我们通过将弧度变化较小的一段曲线定为一次分段，在头尾给予节点。对这里的弧度变化较小的理解是：要划分出来的这一段弧线很接近一个圆上的一段弧线。在实际操作中，读者需要多练习，以熟练掌握目测判断方法。

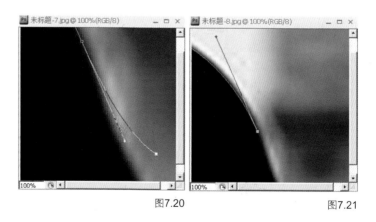

图7.20　　　　　　　图7.21

08 其他的描点方法与前面两种情况类似，就不再一一介绍了，笔者给出了描点全过程的图示，请读者仔细观察锚点的取舍和边缘曲线的关系，如图7.22和图7.23所示。

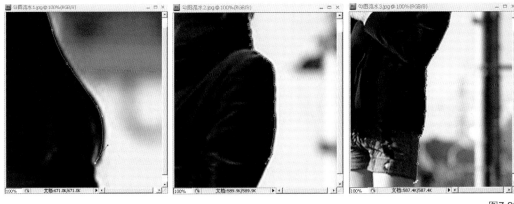

图7.22

图7.23

09 在与起始点连接以封闭路径时，若希望平滑连接，则按住Alt键单击起始点；如果希望直线连接则将最后一个点转化为直角点后单击起始点。外形全部勾勒完成后，可以看到有非常多的锚点，如图7.24所示。所以，使用钢笔工具勾图需要很大的耐心，但是，它是最基础、最直接有效的一种方式。另外，不要忘记了处于对象内部的中空部分，如图7.25所示。

图7.24   图7.25

10 封闭路径后通过路径面板右下角的工具按钮将路径转为选区，快捷键是Ctrl+Enter（回车），如图7.26所示。效果如图7.27所示。

11 利用选区去除掉背景，双击图层面板里的背景层，将背景层转化为图层，如图7.28所示。执行"选择"→"反向"，快捷键是Ctrl+Shift+I，将人物选区以外的部分选定，如图7.29所示。

图7.26　　　　　　　　　　　　　　　　图7.27　　　　　　　　　　图7.28

12 删除背景，取消选区，结果如图7.30所示。

图7.29　　　　　　　　图7.30

至此，人物就完全脱离出来了，读者可以根据自己的构思将之运用到新的创作中，构思应当产生于抠图之前，而不是在抠图完成后再去思考布景——这样非常浪费时间。再创造应用参考如图 7.31 所示。

总结一下，使用钢笔工具抠图适用于边缘不太烦琐，与环境的对比不强烈的照片，之所以这么说是为了和后面几种抠图方式进行区别。这种最常用的抠图方式，读者应该熟练掌握。

图7.31

7.2.2 抽出

抽出（Extract）是 Photoshop 的一项重要功能，它常常被用来对付那些很难描绘边缘的物件，通过它的"特殊"方式，将物件比较好地筛选出来。抽出本来位于滤镜菜单中，但 Photoshop CS4 安装的时候不会自动安装这个滤镜，和以往其他版本不同，需要找到安装文件里的 filter 文件夹，将 Extract 这个文件复制到安装好的 PhotoshopCS4 下同名文件夹里，就可以使用了。如果找不到这个文件，可以到官方网站下载，不过注意语种要保持一致，如果你使用的是英文版就要复制 English 这个文件夹下的文件。而其操作方式也非常简单，它包含了两种抠图方式：一种是单色抠图，另一种是全色抠图。

▶▶ **1.单色抠图**

笔者将示范一下单色抠图的完成步骤，结束后将总结其特点及适用范围。

01 在Photoshop中将图片打开，选择"滤镜"→"抽出"激活抽出界面，如图7.32所示。

图7.32

　　在激活抽出滤镜之前，需要将原始图层复制两个新层备用，看完后面的步骤，读者就清楚原因了。随便选择一个复制的新层来激活抽出滤镜。图7.32是最新版本CS4的界面，单色抠图和全色抠图都是应用这个界面进行操作，读者一定要仔细留意操作步骤，避免混淆。

02 单击左上角的边缘高亮工具 ⬚，并调节适当的大小（这个适当大小按照笔触能同时覆盖实体边缘内部及外部比较无形的边缘为宜），如图7.33所示为描绘人物边缘。

图7.33

　　注意图7.33左边垂下的头发形成了一小块明显的内在空白，笔者选择了处于外部的头发作为边缘，而把头发间隔出来的空白视为内部，后面会使用橡皮工具来擦出这个位置被抽出后的灰色。请注意笔触的大小和笔触覆盖的部分，笔触起初不用太在意有没有覆盖到边缘以内，关键要覆盖到边缘外那些不规则的无形的发丝。

03 继续用边缘高亮工具将中间部分全部铺色，如图7.34所示。

图7.34

04 检查是否漏铺。选定强制前景色（想要抠出来的颜色）后，单击右上角的Preview（预览）键。铺色的时候需要特别注意不能漏铺，哪怕是漏掉一个像素点都可能会使抠出来的图像出现一个大洞。读者请看下面的例图，笔者故意漏铺了一点，如图7.35左图所示，预览后效果如图7.35右图所示。

图7.35

　　由于额头上部忽略了一处，造成了一大块明显的错误，这是不能接受的。利用颜色来抠图是根据图片边缘所占颜色成分最多的那一种，比如例图里的头发颜色就覆盖了人物边缘的绝大部分，因此决定首先选取头发颜色最接近边缘的部分，也就是深灰色。

05 在右方中间的面板中，勾选强制前景色，除了可以单击下边的颜色块选取和设定一种颜色，还可以使用右上角工具面板中的吸管工具 ✐ 从图像上选取一种颜色——这是一种人性化的设计，可以辅助美术功底不强的朋友设定比较正确的颜色。当然，对于有美术功底的人来说，这也是一种偷懒的方式。设定完以后，单击右上角的"确定"按钮完成头发颜色的抽取，如图7.36所示。

图7.36

06 将原始图片复制一层。读者可以看到人物边缘还有耳朵，因此得另外复制一层来抠取边缘耳朵的色彩。耳朵颜色层如图7.37所示。

图7.37

为什么要再复制一层呢？因为边缘不只有一种颜色，所以单色抠图需要将构成边缘的颜色一层一层地抠出来，合并后通过蒙版模糊截去背景，最后将颜色抽取的边缘显现出来合成一幅完整图像。理论上，边缘有多少种颜色就得建多少层，不过边缘颜色过多的话，利用抽取来抠图的优势就逐渐消失了，读者需要综合权衡。

07 在图层面板中，将先前提取的头发颜色层与耳朵颜色层合并，如图7.38所示。

08 是不是看起来破破烂烂的？不要紧，这里只要边缘部分完整就符合要求了。整理排列图层，准备去除模糊的背景，如图7.39所示。为了方便解说，笔者对图层做了编号：1是复制的原始图层，应用添加图层蒙版（图下方红圈内）来描绘模糊背景；2是单色抽取的合并层；3是用来检验的实底背景。注意它们的排列顺序。

图7.39　　　　　　　　　　　　图7.38

09 在1中制作模糊背景去除，注意图7.39所示的图层面板中1层有两个缩略图，必须选定右边一个（蒙版）进行操作。这里分别将前景色、背景色设置成黑色、白色，然后使用笔刷工具 开始在背景上擦除一个大概，结果如图7.40所示。

这里设置成前景色的颜色就是笔刷使用的颜色，使用黑色的时候就是擦除；白色的时候就是复原，开始可以将笔触调大一些，然后接触人物边缘的地方再将笔触缩小一点。

10 擦除边缘的部分，不要求擦得刚好，只需要擦到边缘以内一点就可以了。因为后面还需要使刚才抠出的图层透视出来，结果如图7.41所示。

图7.40　　　　　　　　　图7.41

11 设置激活下边的抠图合并层为可视，效果如图7.42所示。
12 设置激活图层3为可视，检查一下效果，如图7.43所示。

到这里，单色抽取抠图就算介绍完了，单色抠图的好处是能在边缘部分透出底层颜色，使其和新背景更好地融合。但读者应该注意，选择单色抽取的原则是：边缘颜色种类较少，并且与背景颜色对比度较大。总结一下，抽取的一般步骤是：

1. 将原始图片复制两次，其中的一层用于模糊擦除背景；另外一层用来抽取边缘颜色，这一层根据边缘颜色种类有可能增加。

2. 抽取边缘单色，超过一种颜色要分别抽取，然后合并，完成后将图层变为不可视。

3. 添加图层蒙版进行模糊背景擦除，完成后将抽取层激活为可视，使用实底层进行校验。

4. 将模糊擦除背景层与抽取层合并。

图7.42　　　　　　　　　　　　　　　　　　　图7.43

再创造应用参考如图 7.44 所示。

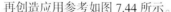

图7.44

▶▶ 2.全色抠图

　　同样，笔者也为读者展示一个照片人物全色抠图的全过程。结束后笔者将总结其特点及适用范围。读者可以先观察如图 7.45 所示的原片，全色抠取相对来说比较简单，但擅长应付的图片类型属于边缘比较平滑但颜色较多、对比较大的一类。

图7.45

经验总结

　　广告摄影是以商品为主要拍摄对象的一种摄影，通过反映商品的形状、结构、性能、色彩和用途等特点，从而引起顾客的购买欲望。广告摄影传播的是商品信息，它也是促进商品流通的重要手段。

01 在Photoshop中打开图片，并激活抽出面板，如图7.46所示。

图7.46

02 全色抽取不需要激活强制前景色，只需要使用边缘高亮工具，用小笔触将边缘仔细勾勒出来，如图7.47所示。

经验总结

　　水下摄影是影视特技摄影的方法之一。摄影者携带有防护罩的相机和潜水装备，潜入水中直接拍摄。水下摄影可真实地反映水下景象，如水生动植物的生活、海底和河床的地质资料、考古发现等。在较深的水下，还必须借助水下照明灯光。

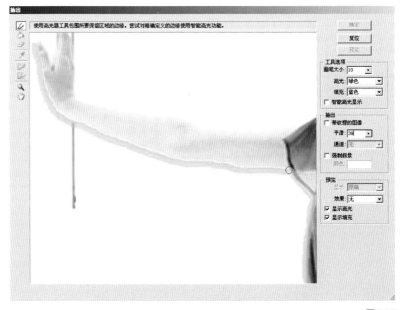

图7.47

　　当然，勾勒方式还是与单色抽取一样，要保持笔触覆盖到边缘线，一半在外一半在内。这里小笔触很重要，决定抽取图像的精细程度，理论上来说越小越好，但是太小也不好操作，一般根据图片大小和精度决定。一般来说，全色抽取需要放大图片来保持笔触覆盖边缘，类似钢笔工具抠图，所不同的是钢笔工具是从边缘内侧勾勒，而抽取是覆盖边缘两边。外轮廓完成后如图 7.48 所示。

图7.48

03 补充勾勒内部轮廓很窄的地方——如下垂的手掌里面，可能还需要更小的笔触，如图 7.49所示。

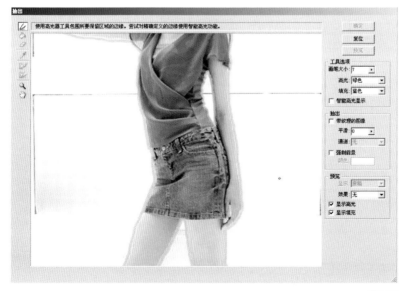

图7.49

经验总结

　　纪实摄影是记录社会生活等的摄影行为，与单纯的记录摄影不同在于，它具有将拍摄到的内容强烈诉诸于社会的、个体报道的性质。纪实摄影一般表现出摄影家对环境的关怀，对生命的尊重和对人性的追求。

04 检查描绘的路径是否闭合，有没有缺口，如果没有，就可以用边缘高亮工具将路径沿着人物边缘封闭，然后使用填充工具在单击轮廓内部进行填充，如图7.50所示。

05 单击确定完成抽取。不过确定之前最好预览一遍，因为确定后会自动关闭抽取窗口完成操作，如果有问题就只能从头再操作一遍。同样，随便准备一个实底层看看效果，如图7.51所示。

图7.50   图7.51

可以看到，在衣袖透明处、碎发之间均有残留的背景色，这也充分说明了该抠图方式的弊端：无法解决透明对象的背景，面对细碎边缘的时候也很不好处理。其优点是：比单色抽取更适合多色边缘对象的抽取——当然必须是高对比的。

总结一下，全色抽取的步骤是：

1. 用较细的边缘高光工具仔细描绘边缘。

2. 使用填充工具将内部填充。

3. 检查并完成抽取。

可以看到全色抽取步骤比较单一，实际上和钢笔工具是比较像的，描绘边缘是主要的时间消耗，钢笔工具主要用来解决与背景对比度较低的情况，这是抽取滤镜无法胜任的。再创造应用参考如图 7.52所示。

图7.52

7.2.3 通道制作选区

通道是一个难点，很多教程都没有结合过程将难懂的专业术语说清楚，有些教程提出的"通道等于选区"——这对读者来说，也是一个茫然的话题。与其说通道是选区，倒不如说利用通道来制作选区。通道就像一个筛选工具，筛选出来的部分可以转化为选区。下面笔者就通过例子来说明这个过程。

在制作之前，需要先解释一下通道的特点：

1. 每个通道其实就是一个灰度图（8位），是没有色彩信息的。

2. 在通道面板中还可以建立 Alpha 通道，可以用 Alpha 通道制作和存储选区。

3. 默认情况下，白色代表选择，灰色为半选择。所以实际抠图时，要把被抠的部分做成白色，其余做成黑色。

原片如图 7.53 所示，读者也可以跟前面两个例子的原片比较一下。

图7.53

图7.54

01 在Photoshop中打开图片，为了备份，读者应该先将照片图复制两次，如图7.54所示。

02 切换到通道面板，观察每个通道的黑白对比度，这里选择对比最强烈的蓝色通道复制一层，如图7.55所示，笔者给出了3个通道的情况，方便读者观察。

图7.55

03 使用曲线对"蓝 副本"进行调节，在保持边缘细节的情况下，尽量使人物的明度更低，背景的明度更高，如图7.56所示。

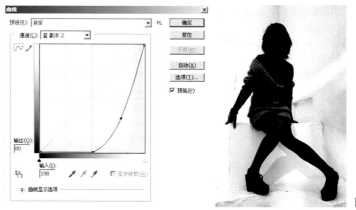

图7.56

04 执行"图像"→"调整"→"反相"（Ctrl+I），将黑白颠倒，因为在通道中，白色的部分在制作选区的时候才是被选取的对象，如图7.57所示。

05 使用笔刷工具将人物轮廓内的灰色粗略地刷白，靠近边缘的部分先不用理会，如图7.58所示。

图7.57

图7.58

06 使用套索工具将靠近边缘的灰色带与边缘以外的深色背景一起选取，用曲线调节直到边缘内的灰色变成白色，如图7.59所示。持续这个步骤直到所有内部灰色消失。

图7.59

07 使用加深工具加深灰色区域直至黑色，只保留头部周围带有碎发的部分，如图7.60所示。

08 使用色阶调节，目的是加深头部周围的灰色，移动黑色点的时候要留意碎发细节有没有丢失，如图7.61所示。

图7.60　　　　　　　　图7.61

09 按住Ctrl键，用鼠标左键单击通道面板中正在操作的通道的图标，将通道作为选区载入，然后返回并复制图层，快捷键Ctrl+J可以快速将选区生成一个新的图层，结果如图7.62所示。

10 取消选区，人物就被选了出来。要检验结果，只需要保持这个新层可见，为它添加一个实底背景层即可。读者可以看看局部情况，如图7.63所示。

图7.62　　　　　　　　图7.63

本例稍微难一些，很多问题都暴露了出来，这也正说明了利用通道抠取人物的局限性。通道抠取的对象适合在对比强烈的背景下，且背景中接触对象的地方没有深色。如果边缘有曝光过度，达到白色就不适合这种方式。另外，与固有色对比强烈的环境色，即使明度与固有色相当，抠出来也很难将环境色边去掉，这时还必须使用"图层"→"修边"→"去边 / 移去白色杂边"命令。由于本例轮廓内部有大量的浅色，还有腿部的灰色投影，这些都导致了额外步骤的工作。

总结一下，一般的通道抠取步骤为：

1. 复制图层，选择高对比通道。

2. 用曲线调节，提高黑白对比。

3. 反相，用笔刷将人物内部灰色用白色覆盖。

4. 将通道转换为选区，从图层中将选区提取出来。

再创造应用参考如图 7.64 所示。

图7.64

7.2.4　快捷抠图方式

快捷抠图方式也属于基础的抠图方式，其所适应的图片大多有局限性，但它能保证快捷性，仍然有利用的价值。

▶ **1.背景橡皮擦工具**

图 7.65 是在 Photoshop CS4 中，背景橡皮擦工具栏的默认状态。

图7.65

读者可以尝试在图上画上一道，看看有什么结果。若使用默认设置，在图 7.66 中的操作结果就并不理想，手臂的一部分被擦除了。

将工具栏中的容差改为 17%，在同样位置再操作一次。可以看到结果已经大不一样了，如图 7.67 所示。由此可见，背景橡皮擦工具是通过颜色的容差来进行工作的。

另外，读者应该注意背景橡皮擦工具光标中心处的 +，这是擦除取样点。与取样点颜色容差在限定值以内的部分就会被擦除。笔者利用相同参数设置，在不同取样点擦除的结果如图 7.68 所示，读者可以对比一下。

图7.66

图7.67

图7.68

如果读者的光标设置不一样的话，可以执行 Ctrl＋K，在首选项对话框中的"显示与光标"选项卡中进行设定。

背景橡皮擦共有 3 种取样方式：连续、一次和背景色板。这 3 种方式都有着自己特殊的作用。下面笔者根据对原片的操作，为读者一一进行介绍。

1. 连续。"＋"字光标中心不断地移动，取样点也将跟随更改，此时擦除的效果比较连续，效果如图 7.69 所示。

2. 一次。"＋"字光标中心对准取样点，单击按下鼠标左键不松开，这样可以对该点取样的颜色进行擦除，不用担心"＋"字中心移动到其他地方。要对其他颜色取样，只需要松开鼠标，再次重复上面的操作即可，效果如图 7.70 所示。

图7.69　　　　　　　　　　　　　　　　　　　　　图7.70

3. 背景色板。"＋"光标此时就没有作用了，背景橡皮擦工具只对背景色及容差相近的颜色进行擦除，如图 7.71 所示。

背景橡皮擦工具的擦除限制模式也有 3 种：

1. 不连续。抹除出现在画笔下任何位置的样本颜色。

2. 连续。抹除包含样本颜色并且相互连接的区域。

3. 查找边缘。抹除包含样本颜色的连接区域，同时更好地保留形状边缘的锐化程度。

其实这 3 种的限制并不明显，一般建议使用"不连续"选项。

有时候在擦除背景时，留下的边缘杂色是比较严重的，常见情况如图 7.72 所示。如果试图

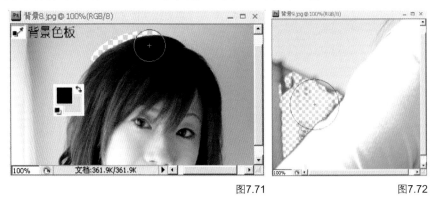

图7.71　　　　　　　　　　　　　　　　　　　　　图7.72

再次使用背景橡皮擦工具把这些杂边去除，就很容易将不想被擦除的图像擦掉，特别是在使用"连续"或"一次"取样的时候。读者如果遇到这种情况，可以将不想被擦除的图像颜色利用吸管工具设定为前景色，只要勾选"保护前景色"选项，就不会擦到不想擦除的位置，如图 7.73 所示。

▶ 2.快速选择工具

快速选择工具是 Photoshop CS3 新增的工具，延用至今。虽然它和魔棒属同一位置，但它在抠图上的运算能力与后期修正能力都比魔棒优秀很多。不过，虽然这个工具用来抠图非常快捷，但其局限性还是很大。下面就来看一个例子，原片如图 7.74 所示。

图7.73　　　　　　　　　　　　　　　　　　　　图7.74

这张照片非常适合使用快捷抠图，图像的特点是边缘的每一段和环境的对比都很强烈且边缘简单。首先还是来介绍一下"快速选择工具"，各设置项如图 7.75 所示。

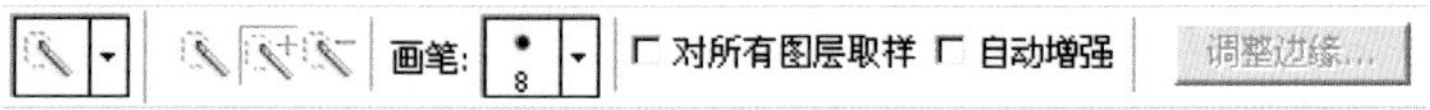

图7.75

　　画笔左边的 3 种模式分别是新选区、添加到选区、从选区减去。"新选区"和"添加到选区"基本上没什么区别；而当在"添加到选区"状态下按住 Alt 键时，则会切换到"从选区减去"。因此平时操作时，只需要选择"添加到选区"就可以了。"自动增强"选项会降低计算的容差，使边缘更清晰、锐度更高，建议勾选。"调整边缘"用于选取后的后期制作。

01 选择添加到选区，画笔尽量调节得小一点，具体根据解像度而定。涂抹背景的笔触大小，决定了边缘的工整程度。在照片的左边空白处单击，效果如图7.76所示。

02 拖动光标，依次在两腿间空白处、右边空白处单击，结果如图7.77所示。

图7.76

图7.77

03 将笔触调小，单击内部轮廓（左边手和腰之间空白），结果如图7.78所示。

　　注意，类似图 7.78 中这样狭窄的选区，必须将笔触缩小，否则很容易选到背景以外的部分。如果不慎选多了，也可以按住 Alt 键从反方向将选区缩小。

图7.78

04 反选获得人物选区，如图7.79所示。

05 单击"调整边缘"(Refine Edge)按钮，打开"调整边缘"对话框。在对话框中对选区做精细调整，如图7.80所示。

在调整这些选项时，Photoshop CS4 中有了更人性化的设置，当光标移动到一个参数调节项时，下方会显示出此项的详细说明，读者还可以实时观察到选区的变化，从而在应用选区之前确定所做的选区是否精准无误。如果觉得选区已经优化得不错，就可以单击"确定"按钮接受选区，然后再根据需要将其从图像中移除，或者在不影响选区以外内容的情况下编辑选区中的像素等。

图7.79

图7.80

06 分别查看黑白背景下对象的情况，如图7.81所示。

比对一下黑白背景上对象的情况，只有黑色背景上手臂内部轮廓留下了一点点白色，可以使用上面的背景橡皮擦工具修正，完成后同样将其生成为单独的一层。再创造应用参考如图7.82所示。

图7.81

图7.82

3.色彩范围抠图

色彩范围是一个强大的工具，它的使用方法多种多样，用来抠图也非常容易，效果还不错，具体操作请读者参看下面的例子，原片如图 7.83 所示。

01 使用钢笔工具沿着人物内部轮廓粗略地勾下来，肩的部分就一次到位，其余的部分不用太仔细，但一定要保证在人物内部，距边缘保留一定宽度，如图7.84所示。

图7.83　　　　　　　　　图7.84

02 将路径转化为选区（Ctrl+Enter），并将选区生成新的图层，如图7.85所示。

03 回到原始图层，改变前景色为人物头发色彩较深处的颜色，可以用吸管工具抽取，如图7.86所示。

图中红圈内的颜色吸取作为前景色——注意颜色在拾色器中的位置，比黑色要浅，比其他的要深。这样可以保证在色彩范围选择时，能选择更大的范围，以将包含这个颜色的部分（主要是头发部分）更完整地选取。

图7.85　　　　　　　　　图7.86

04 执行"选择"→"色彩范围"命令，如图7.87所示。

选择模式要选"取样颜色"，这样就保证了选取的是吸管工具所吸取的颜色及邻近色，颜色容差应该根据实际预览的情况来定。一般使被选择的对象（头发）部分比较清晰地呈现出纯白色为宜。使用默认的吸管工具在预览图上单击，同时调节容差，观察效果，黑白对比最强烈的时候就可以了，按"确定"返回，结果如图7.88所示。

图7.87　　　　　　　　　　　　　　　图7.88

05 可以看到，虽然头发都选了出来，但也有多余的部分，这个后面还需要处理，这里先就此生成新的图层，效果如图7.89所示。

06 将最先用钢笔工具抠出来的图层设为可视，叠在一起的效果如图7.90所示。

图7.89　　　　　　　　　　　　　　　图7.90

07 读者可以发现，头发内部以及肩部有少许残缺，需要进行修补。将原始图层激活为可视，开始在原始图层上沿着人物的头部边缘用橡皮擦除，可以擦到人物边缘里面一点，因为钢笔工具勾轮廓的时候留下了一定的空间，不要忘记把笔的尺寸调小，仔细擦掉内部的空白。结果如图7.91所示。

08 同样需要添加一个实底背景来检验一下，如图7.92所示。

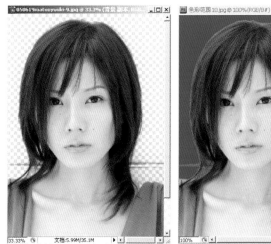

图7.91 　　　　　　　图7.92

可以看到，还有很多细节需要打理，这些都位于色彩范围选取的层上，需要对色彩范围选取层进行修整，使用工具仔细擦除背景上的这些瑕疵。

09 针对头发边缘有些模糊的白边，笔者对色彩范围抽取层执行了"图层"→"修边"→"移去白色杂边"命令，效果如图7.93所示。

再创造应用参考如图 7.94 所示。

图7.93 　　　　　　　图7.94

7.3　再创造的依据

如果要将为其他物件制作好的零件或者是经过改造的零件用来生产新的物件成品，那么这些零件就需要满足这个新物件的需求条件，生产不同物件需要的零件也各异。

同理，再创造重组图形也是这样。拿到一个提取的图像，它是否符合将要组合的画面，需要从平面构成和色彩构成两方面来分析。平面构成需要分析点、线、面和黑、白、灰；色彩构成需要分析色相。但分析这个步骤并不一定要放在最前面来进行，很多时候也会先构思好一个画面，想好调性，点、线、面的分布，黑、白、灰的分布，然后再根据这些去改造提取的图像，使之成为有用的"零件"。

7.3.1　图形元素化

图形元素化是本书命名的专业术语，意思是将图形、图像等一切构成画面的因素纳入大环境进行设计，而不去过多地思考图形、图像内在的对比和美感。打个比方，工笔国画不仅要求整体完整，同时用线也要非常优美、讲究；而西方油画注重整体效果，笔触有没有美感反而没有人去关心。接下来，笔者用几幅比较有创意的专家作品来进行说明。

以图7.95为例，这张图经过设计，将人物安插在一幅奇幻的空间当中。

用平面构成来分析：下方的树枝充当了点线面的线，上方若干个带翅膀的钟充当了点，安插的人物就充当了面（比较大面积的单色整体形成了面），点、线、面的有机结合使得画面充满趣味。

图7.95

请读者再来欣赏另外一个例子，如图 7.96 所示。

图7.96

这一例合成的背景与人物着装有着强烈的色彩对比，从色彩构成的角度来看，这是一张红绿的互补色调，而且有着严格的对称性，上衣饱和度最高的绿挨着背景中饱和度最高的红，左上角偏黄渐淡的红对应着右下角偏黄渐淡的绿。从左下到右上的对角线以北，刚好是饱和度最高的绿所在，而保和度最高的红则处在饱和度最高的绿与饱和度较低偏黄的绿之间，形成一种有节奏的互补色调而显得不那么单调。为了强调这种感觉，连丝袜的颜色都改成了绿色调。读者注意从左上角向右下角看，依次是偏黄的红→饱和度高的绿→饱和度高的红→偏黄的绿。

在图 7.95 中被纳入的人物充当了平面构成的面的部分，她本身不再是整体，而是整体中的一部分；图7.96 中被纳入的人物衣服颜色充当了色彩构成里形成互补色调的另一部分，且不论之前人物是何颜色，放入新环境就是为新环境服务的，而新环境的最终效果会根据需要提前在大脑里构思好，然后根据它来改造对象以适合新环境，被纳入新环境的人物美观性就放在了次要地位。

7.3.2 变色配调

变色配调是本书命名的一种加工方式，在图 7.96 中已经有所体现。意思是将纳入新环境的对象视为元素或调子的一部分来进行修改以适合设计者的构思色调。关于变色，在 Photoshop 中有很多种方式，包括选区结合色彩饱和度调节、海绵加深工具控制饱和度等，这里主要讲解原理，具体实现步骤将在实例中讲解。

既然要配调，首先就要了解调子是什么东西，有些什么调，这些属于色彩搭配的范畴，是一门单独的学科，本书会在最后一章中给大家详细讲解。在这里，笔者先介绍几个关于色调的基本概念，以帮助读者阅读下面的部分。

▶ **1.邻近色**

这个概念以前提到过，它是色环上相邻或靠得比较近的颜色。比如：黄色和绿色，蓝色和紫色。值得注意的是，邻近色是指 2 个到 3 个颜色，一般在间色（又叫 2 次色，由三原色任何两个之间混合产生的额外 3 种颜色橙、绿、紫）范畴最多指 2 个颜色，在复色（又叫 3 次色，指 3 个或 3 个以上不同的颜色混合所产生的颜色）范畴可以达到 3 个。

▶ **2.互补色**

这个概念前面也讲到过，色环上相对的两个颜色为互补色，比如黄和紫、绿和红、橙和蓝。互补色能带给人平衡的感觉，是由于互补色结合形成了光源色，这也解释了为什么盯着黄色的太阳看久了，闭上眼睛后会出现一个紫色的影子。

▶ **3.冲突色**

这个概念不容易理解，但生活中到处都有它的影子。冲突色是一种颜色与它的互补色的邻近色的搭配。比如紫色和黄色是互补色，而黄色和绿色是邻近色，那么紫色和绿色就是冲突色（不包括黄色），这种颜色搭配的特点是能互相突出对方，两种颜色都显得很明显，被常用于时尚设计，家喻户晓的百事标志的蓝加红就是这个搭配。

▶ **4.分裂补色**

这个与冲突色容易混淆，但分裂补色是 3 种颜色的搭配，它要加上冲突色中没有加的那个补色。比如上面说了紫色和绿色是冲突色（不包括黄色），而紫色和绿色加上黄色就是分裂补色。

▶ **5.无色**

无色指黑、白、灰的搭配，没有色相。

▶ **6.单色**

黑、白、灰加上任意一种颜色的搭配，带有稳重的意味，常用于商业创作。

▶ **7.原色**

红、黄、蓝三原色的搭配，纯度非常高。

▶ **8.中性色**

中性色是指黄色、绿色、银色这些色彩倾向不明显的颜色。理论上是加入一个色彩的补色或者黑色，使色彩消失或者中性化。中性色搭配可以有很多种，个数也没有限制。一般饱和度低的画面，色调就会变得不明显而趋于中性，这种颜色搭配能体现一种随和、古典的气质。

经验总结

阳光 16 法则（也称阳光 16 定律）是摄影中不借助电测光表来估计照相机光圈大小和快门长短的法则。阳光 16 法则如下：

在室外阳光下，如果光圈是 F/16，则快门速度应是所用胶片的国际感光度指数的倒数。例如，胶片的感光度为 EI100，则快门应为 1/100 秒。

这里的"16"并不是指光圈非 F/16 不可，选用 F/11，则快门速度相应提高一倍，为 1/200 秒即可，依此类推。另外，拍摄中要根据天气状况作出适当调整，如果是多云，同样用 EI100 胶片，快门速度仍旧取 1/100 秒，则光圈应从 F/16 开大一倍到 F/11；依此类推。

理解这一小节的内容，就可以根据需要对元素进行加工。特别要指出的是，互补色是唯一要求互补的两种颜色面积相当的一种搭配。

7.3.3 调子比例吻合

调子就是指光源产生的五大调子，而各大调子之间的比例，就需要读者积累相当的经验来判断。比如球体的调子就比正方体丰富，假设将球体和正方体的调子处理得相当而放在一起，反而不自然了。越圆滑的物件调子就越多，同类形体的调子比例应该相当，来看一个例子，背景如图 7.97 所示，读者可以观察其调子情况。

图7.97

这里打算将两张照片的人物抠出后与上图合并，两张照片人物的调子如图 7.98 所示。

图7.98

合成后的效果如图 7.99 所示。

图7.99

读者可以看出，后方的人物偏灰，而前方的人物对比较强，亮面和暗面区分比较明显，放在一起显得很不自然，同样的光源是不会产生完全不同的两种效果的。这就需要在后期处理的时候使人物更鲜明一些，对后方的人物进行加工。这样的做法就叫调子比例吻合。

现在更改后方人物照片，其调子比例依据前方人物进行修改。她们之间的不同在于后面的人物亮面强度比前面低、面积少，灰色面积比例则比前面人物多，暗面强度较前面人物低。笔者首先对后方人物进行曲线调节，改变其对比度后，效果如图 7.100 所示。

图7.100

对比之下，后方人物饱和度还需要降低，效果如图7.101所示。

可以看到，经过修改后的两个人物面部调子比例相当了，看起来也自然多了。当然后期处理工作并没有做完，本例只阐述了如何使调子比例吻合。

图7.101

7.4　原图点缀式再创造示例

大多数时候，后期工作者面对的客片都是以人物为主体的，人物就是突出的中心，往往会在原图上加工来完成对主体人物的点缀设计。网络上很多人的签名图或者个性头像就属于这一类型。想要做得好看，那么就不能像装饰圣诞树一样随意加些装饰上去，你需要分析原始图片，制定一个改造计划。

加上的点缀，给原本普通的照片带来新的活力，这并不是一件轻松的事，读者需要考虑色调、平面构成、构图，以及如何让图像组合得更加自然，如图7.102是笔者将要示范的原片与最后效果。

图7.102

这是一张女性人物的半身照片，整个色调偏蓝色，蓝色的靠背使得穿着蓝色衣服的人物不怎么抢眼。构图上来看，人物的主体有色部分是一个菱形，如图7.103所示。平面构成的点、线、面来看，除了一块一块的颜色以外，发散的线和点基本上没有。

分析完成后，读者想要将照片改造成什么样的感觉呢？读者应该注意一个重点中的重点：将处理者对照片的感觉放大，这才是属于处理者的设计。因为设计是感性的，每个人对相同对象的感觉都可能不一样，只要将自己的感觉夸张化放大，让别人更清楚地了解你对对象的感觉，就能形成自己的设计。世界上的文学家无数，每个人的写法都不一样，有些人喜欢通过人物语言来表现人物个性，有些人喜欢描写动作，有些人擅长环境烘托……这些各种各样的形式也正是和艺术一样。

01 笔者对例图人物的感觉是：一个年轻的小女孩、渴爱新鲜事物（牛仔上衣加上皱裙，不合身的搭配），眼神里流露出一丝好奇和倔强。于是笔者决定将这种感觉放大化。这个过程要在头脑里思考完整，它将决定平面构成、色彩构成的加工手法。

02 接下来开始思考色调，要体现一种朝气蓬勃的感觉，绿色最能代表了。而绿色的邻近色搭配更能强化这种感觉，因为植物生长过程就接近黄→草绿→墨绿这样的色调。

03 头脑里的工作完成后，就可以开始具体操作了。打开Photoshop，将图像复制一层，然后进行色阶调节，使黑色点和白色点都向中间移动一点以压缩色域，同时提高黑白的对比，使图像显得不那么灰，效果如图7.104所示。

04 为了将主体人物和背景分开调节，笔者决定使用抽取的方法将人物沿轮廓抽出，生成新的一层，如图7.105所示。

图7.103   图7.104

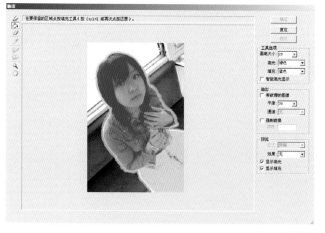

图7.105

05 现在可对人物、背景分别调节了。使用色彩平衡调节，使人物亮面偏黄、阴影偏蓝；然后同样调节背景，使靠背颜色偏绿，结果如图7.106所示。

06 图7.106的座椅立体感弱化了。可以使用加深工具将背景坐垫加深，使颜色有些变化，增强立体感，效果如图7.107所示。

07 在人物层上，用魔棒工具选取白色裙子部分将其删除，然后对图层施加外发光，并将主色区，包括牛仔服下摆描边，效果如图7.108所示。

08 由于魔棒劣质的选择能力，使得描边后呈现出随机的点，不过这样正好——点面都有了。现在制作线，制作线的时候为了突出人物，笔者准备用无色的线覆盖一些背景色块。新建图层，置于人物层和背景层之间，选择笔刷工具，用颗粒比较粗糙的粉笔、炭笔或者蜡笔效果，使用白色来随意画些横线，位置越接近人物笔触越大一些，这样有一种凝聚的感觉，效果如图7.109所示。

图7.106

图7.107

图7.108

图7.109

09 考虑到菱形构图，下方的人物边缘显得有些死板，而且将点和线分开成了两边，笔者决定加上一个蕴含人物心情的文字来过渡一下。打开书法图片，选择一个合适的字，用加深工具加深颜色，然后用魔棒工具选取，笔画没连贯在一起的部分通过Shift键复选，如图7.110所示。

10 将选取的文字用移动工具拖动到处理的图像上，为文字图层描边，并将宽度调整到和人物边缘差不多就可以了，最终结果如图7.111所示。

经验总结

Photoshop 小经验：

1. 按下"Tab"，工具箱和浮动调板一同消失。

2. 按下"Shift+Tab"，仅隐藏浮动调板。

3. 在使用缩放工具时，按下"Tab"，图像被缩小。

4. 按空格键，切换为"抓手工具"。

5. 双击"抓手工具"，图像放大为满窗口显示。

6. 不用作印刷的情况下，彩色图像通常选择使用"RGB"模式；用作印刷时则选择 CMYK 模式。

7. 通常情况下的分辨率单位都使用"像素 / 英寸"。

图7.110 图7.111

另外，读者如果觉得人物锐度不高，比较模糊，还可以在合并图层后，新复制一层执行高反差保留，然后选择线性光的混合模式，这种方法前面曾经用到过。

本章内容并不需要高难度的 Photoshop 技法，但它更考验读者的实践经验和综合水平。

7.5　优秀再创造作品欣赏

本节将为读者筛选几幅国外的优秀再创造作品，读者可以回顾本章的知识要点，并在这些作品中分析这些要点是怎么应用到实际作品中去的，这也算是笔者留给读者的习题吧，如图 7.112～图 7.126 所示。

7.5.1　人像

图7.112 图7.113

图7.114

图7.115

7.5.2 合成

图7.116   图7.117   图7.118

图7.119

图7.120

图7.121

图7.122

图7.123

图7.124

图7.125

图7.126

第8章　小技巧补遗及色彩进阶知识

本章将补充讲解一些不常用的小工具，并对磨皮进行总结。

在本章后半部分，主要讲解色彩知识，包括色彩的心理暗示以及色彩搭配方式。

8.1 磨皮宝典

经过第 3 章的学习，磨皮的基本思想想必大家还记得，也就是复制。利用始终大于最小单位纹理的笔触的半透明复制，可以使皮肤质地更为细腻。在本节，笔者将对磨皮进行进一步的总结。

8.1.1 局部对比削减

首先请读者看一看磨皮前后对比的照片，如图 8.1 所示。

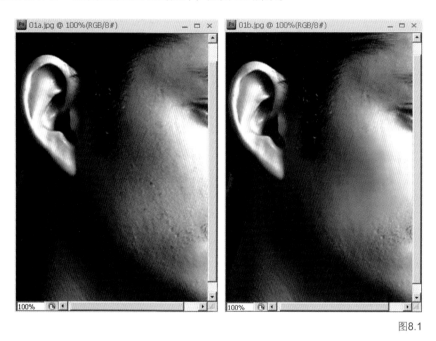

图8.1

由于脸上有胡渣，使后期工作没有办法保留一定的质感，只能有选择地、尽可能地磨得光滑一些，从这两张图片中取同一处放大进行对比，可以看到如图 8.2 所示的样子。

读者可以观察到一部分坑坑洼洼的皮肤差不多已经被磨成了渐变色。保持在这个渐变色和没有磨到的皮肤之间，就是比较理想的效果，渐变色是过度磨皮导致丧失质感所致。

在设定笔触大小的时候，尤其是在特别光滑的脸部（结构不突出）或皮肤紧贴头部这一类，可以将图章的尺寸设置得比一般要大，这样的效果也来得更快。但同时，图章笔触中心的移动也得更加仔细，否则移动范围稍大，就会造成过度模糊。有一句口诀就是:快速点击、缓慢移动。

经验总结

　　图层就像是含有文字或图形等元素的胶片，一张一张按顺序叠放在一起，组合起来并形成页面的最终效果。图层中还可以加入文本、图片、表格、插件等元素，也可以在里面再次嵌套图层。

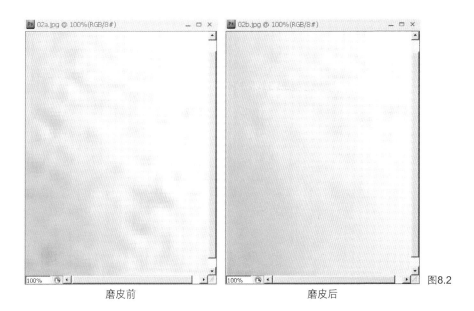

磨皮前　　　　　　　　　　　　　　　　磨皮后　　　　　图8.2

8.1.2　磨皮口诀

通过本书的学习，可以总结出 3 点非常有效的协助磨皮的记忆口诀。

（1）先磨皮后塑型。

先磨皮是指先通过图章工具小范围移动来改善皮肤质量，移动规律满足 $r<x<1.5r$。皮肤越粗糙，起始磨皮设定的图章工具尺寸越大。但注意不能大到覆盖到其他质感，如眼睛、头发；或是大到造成移动困难，稍微移动就复制到头发或者脸部五官上。

请读者看下面的示范，图 8.3 设置复制点，图 8.4 是笔触大小，图 8.5 的黄色小圈内则是复制的活动范围。

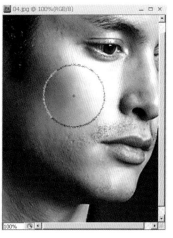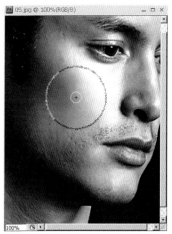

图8.3　　　　　　　　　　　　图8.4　　　　　　　　　　　　图8.5

由大面积到小面积将图章尺寸一步步变小磨完后，再开始塑型。还记得第 5 章所讲的利用图章工具改变脸形和面部结构吗？由于前面无机的磨皮，使得各部分衔接处有可能产生少许的结构脱节现象，这个时候就需要塑型。例如，针对上例的脸部，可以沿着转折的走向，一边设置复制点一边小范围复制，从而使这个转折显得连贯，如图 8.6 所示。

沿着箭头的方向（颧骨转折）开始设点复制，笔触移动范围仍然在小圆圈内，但不再是随意移动，而是顺着箭头的方向在小圈内来回单击，然后再沿箭头方向向前或向后取点复制塑型。

读者要注意，鼻干到鼻侧的转折是面部需要塑型的最小的转折，也是最考验耐心的地方。

（2）先远后近，先逆光后顺光。

这句话是有先后顺序的，必须满足了先远后近的条件，才能按照先逆光后顺光进行磨皮。读者在拿到一张照片，准备磨皮的时候，这句口诀可以帮助新手避免很多错误，因为它也是符合人们视觉习惯的一个口诀。这里的远近指的是照片中人物距离观者的远近，逆光和顺光是指照片中呈现的受光与背光情况。

这个顺序就如同画素描，先铺上大调子后，对比着暗调来画受光面，就不会出现把受光面画得比暗面还重的情况。很多时候在处理完远处和逆光后，呈现出来的效果就已经很好了。图 8.7 中的黑色箭头表示由远到近的方向，黄色框选的区域内是逆光部分。读者可以发现，有的时候远的部分也可能会与逆光部分重合。

图8.6　　　　　　　　　　　　　　　　　图8.7

（3）远重近轻，逆光重顺光轻；若是整个人物都处在逆光中，则忽略第 2 条。

磨皮轻重程度与磨皮先后顺序有些类似，但因为质感分布规律，也有少许不同。要点是必须先满足第 1 条，才能按照第 2 条处理；若第 1 条的条件不存在，则直接参照第 2 条；第 3 条永远都生效。第1条为什么会不存在？这其实就是指的较为强烈的点光或线性光的正面照片，整个正面都处在一个平面上，轻微的面部转折都被光源所掩盖，就不存在远近之分了。

人像磨皮小经验：眼白可以当做皮肤来磨；眼袋、眼角、嘴角选择性处理；嘴唇一般不需要磨；面部以外的皮肤就算可磨也不要磨得太光滑，甚至可以不予处理，因为会喧宾夺主——除非有意想体现它。

8.2 强化质感的方法

第4章在强化质感方面做了基础的讲解，包括质感的主要体现区域、质感的概念和对皮肤质感的认识。读者已经学到了如何保留质感，或者说如何有保留地磨皮。但有时候也会出现这样的情况：一直专心致志地磨皮到结束，突然发现图像的质感已经被磨得非常微弱无法挽救了，如图8.8所示。

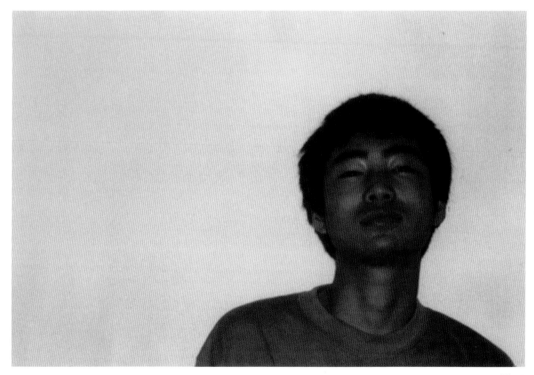

图8.8

由于质感是很微弱的对比，如果使用高反差保留来强化面部的质感，会使图像显得太过夸张。而且还必须将高光勾出来，否则这些高光部分会变得更加明显，破坏整体的真实感——这又凭空多了很多麻烦。笔者尝试了一些方法后，发现在打算强化质感时，锐化是非常有效的，它的处理手段也并不极端，效果如图8.9所示。

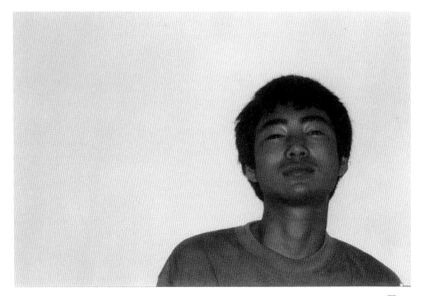

图8.9

　　锐化后，人物皮肤的质感比先前要明显，并且没有改变调子，因为锐化的工作原理是每像素与旁边相邻的像素进行比对增强，整体效果还算比较细腻。有的读者可能会问：锐化有那么多种，我怎么知道使用哪一种呢？其实这是一个经验问题，这里的锐化就只是采用了"滤镜"→"锐化"→"锐化"，这是最简单的一种，也达到了较好的效果。要提醒读者的是，这个工具和"亮度/对比度"一样，是可以反复使用的，下图是锐化3次后的结果，如图8.10所示。

经验总结

　　根据锐化强化质感的原理，质感是来自物质表面不同形式的凹凸不平的光影效果，所以使用图章工具磨皮一般是无法彻底破坏质感的，只能减弱，因为笔触很难比质感的颗粒小。在磨皮完成后，有指向性地根据质感分布规律来进行局部锐化，会产生画龙点睛的效果。

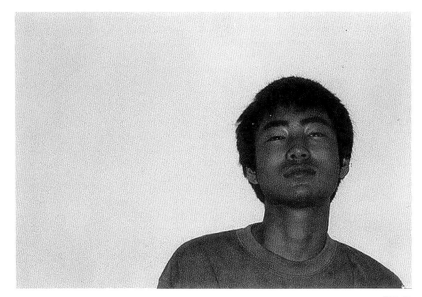

图8.10

连背景都出现了很强的对比，显示出一种肌理。可以想象，必要的时候也可以使用它来制作一些类似的效果。

8.3 液化详解

液化滤镜位于滤镜菜单下，在第 5 章详细地讲解了基础工具——向前变形工具的使用，这是最常用且最容易掌握的。另外，在左上角的变形工具栏里，还有很多其他工具，本节将给予实例讲解。

8.3.1 液化工具栏

先来看看如图 8.11 所示的液化工具栏。从上向下依次是：向前变形工具、重建工具、顺时针旋转扭曲工具、褶皱工具、膨胀工具、左推工具、镜像工具、湍流工具、冻结蒙版工具、解冻蒙版工具、抓手工具和缩放工具。

在液化的界面下，一般的还原（Ctrl+Z）、向前一步（Shift+Ctrl+Z）、后退一步（Alt+Ctrl+Z）都能使用，抓手和放大镜的快捷键与普通界面下一样，所有工具画笔大小调节的快捷键也可以使用，依然是"["和"]"。

图8.11

8.3.2 工具解释和示例

要熟练地运用工具就必须先认识工具，本小节会介绍和展示每个液化工具的效果，以供读者参考。

▶ **1.向前变形工具**

向前变形工具也叫直接变形工具、弯曲工具。读者在前面已经使用过这个工具，图片会根据笔触移动的方向扭曲，扭曲后挤压在移动结束点，就好比用力拉弦，弦会弯曲，弯曲的最远点始终在着力点——拉弦的手的位置。夸张一下就可以明显感觉到效果，如图 8.12 所示。

图8.12

▶▶ 2.重建工具 ☑ ────────

　　如果读者在创作扭曲效果的时候，对结果不是很满意，那么重建工具可以帮助读者把图片恢复为原样。来看看这一过程，如图8.13、图8.14和图8.15所示。

　　重建工具的使用类似历史记录画笔，只需要将光标移动到想要复原的部位涂抹，直到满意为止。

重建前
图8.13

重建工具涂抹中
图8.14

重建工具修复完成后
图8.15

▶▶ 3.顺时针旋转扭曲工具 ◉ ────────

　　使用这个工具，图片会按照顺时针方向扭曲。鼠标只要指到需要扭曲的地方，按住鼠标左键不动，图片就会一直自动扭曲，松开鼠标才会停止扭曲工作，效果如图8.16所示。顺时针扭曲的弧度根据需要，可以重复使用该工具进行扭曲。

　　如果使用顺时针旋转扭曲工具在画面上进行移动，则会产生如图8.17所示的效果。

　　顺时针旋转扭曲工具在画面上停留的时间越长，扭曲程度越大；停留时间越短，扭曲程度越小。可按需要来决定停留时间的长短，以得到自己想要的效果。

▶▶ 4.褶皱工具 ▦ ────────

　　褶皱工具也叫皱缩工具、折叠工具，这个工具和顺时针工具操作一样，在要扭曲的地方按住鼠标左键不放，就会持续扭曲。图片扭曲的方向是由外向内深入，感觉就像被吸进了漩涡，效果如图8.18所示。

▶▶ 5.膨胀工具 ◈ ────────

　　它的功能恰恰和折叠工具相反，它扭曲方向是由内向外膨胀，效果如图8.19所示。

经验总结

　　"重建工具"的出现使得我们在使用液化工具时不再那么紧张，特别是在需要多处修形的照片中更不必担心会弄糟。

图8.16

图8.17

图8.18

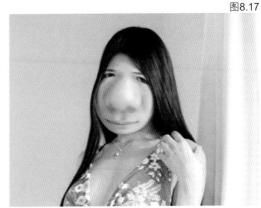

图8.19

6.左推工具

　　左推工具又被称为移动像素工具，使用它在图片上滑动，其竖直方向就会被拉长，并向两边挤压。图8.20中的人物上嘴唇部分就已经被拉长了。

7.镜像工具

　　镜像工具又称为反相工具，使用这个工具在图片上移动，扭曲变形的方向和移动的方向相反——就像照一面镜子，在图像的相反方向产生镜像反应，效果如图8.21所示。

图8.20

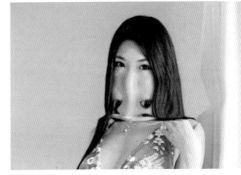

图8.21

▶▶ 8.湍流工具

湍流工具又称为湍流华工具，使用它在
图片上移动，可以混合图片中的像素，图片
扭曲的形状是紊乱、没有规则的，只要是移
动经过的地方都会产生扭曲效果。使用此工
具时，同顺时针旋转扭曲工具一样，在画面
上按住此工具不动，就会持续产生如水湍流
的波浪形状，如图 8.22 所示。它适合用来制
作烟雾、火焰效果。

图8.22

▶▶ 9.冻结蒙版工具

冻结蒙版工具也称冻结工具，如果在一幅图片上要进行大面积的扭曲变形，但其中有一部
分不需要扭曲，这就可以使用冻结蒙版工具事先把这部分隔离出来，如图 8.23 所示。冻结蒙版
工具的使用方法如同笔刷工具，先将要冻结的区域填满（红色部分），再选取变形工具进行处理
即可。

▶▶ 10.解冻蒙版工具

这是和冻结蒙版工具对应的工具，冻结了照片一部分，当扭曲变形工作完成之后，需要使
用解冻工具把照片显示出来，使用方法就如同橡皮擦一样，将开始涂上的红色擦除即可。

本节的示例为了突出这些工具的作用，效果都十分夸张，读者可能会怀疑这样的效果是否
真的可以用在照片处理中。在下一节，将示范如何合理地应用本节的这些工具。

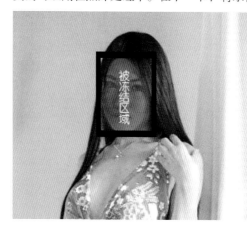 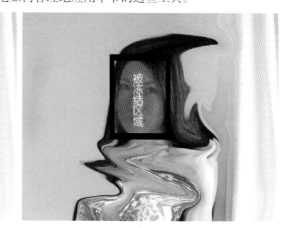

图8.23

8.3.3 一些高级工具的运用

第一个例子，笔者特地选出了一张照片，图中女模特的鼻子偏大，脸型不够完美，影响美观，
如图 8.24 所示。笔者将使用变形工具在这张照片上示范如何缩小鼻子。

01 使用褶皱工具，使鼻子缩小到所需要的程度，如图8.25所示。

图8.24   图8.25

02 有的时候，皱缩可能会对透视有所影响，因为皱缩的缩小是径深的，会产生垂直或水平的坐标变异。应对这种情况，只需要用向前变形工具移动一下边缘就可。使用向前变形工具修复脸形缺陷处后的结果如图8.26所示。

读者应该注意，在修改过程中，有阴影线的地方可能需要缩小画笔大小分别进行皱缩，否则会影响到阴影线的形状。

图8.26

再来看另一个例子，如图 8.27 所示的女模特的眼睛较小，笔者试图将其眼睛修改得大一些。

这里使用膨胀工具变得非常简单，选择图 8.28 所示的笔触，适当膨胀眼睛部位，得到自己想要的理想效果就可以了。

膨胀褶皱工具这一类通过按住鼠标时间长短来决定效果的工具，在使用时，应该尽量目不转睛地观察变化来决定何时停止。在接近目标时，可以通过快速单击来达到目的。

图8.27   图8.28

8.4 配色宝典

颜色搭配是一门单独的学问，是从生活实践中总结出来，用来美化生活或进行艺术创作的一门必修课。既然是颜色搭配的学问，那么首先就应该认识颜色。

图 8.29 所示的就是色轮——五环色轮，它有 12 种基本颜色，共 48 种明暗色调，是设色严谨的 CMYK 颜色。颜色与颜色之间不同的组合效果是千变万化的。

15° 角和90° 角之间的颜色称为近似色，近似色可以让画面的主题变得融洽和融合，与自然界中所能看到的色彩衔接起来。

直径上相对的 2 点颜色称为补充色（也叫对比

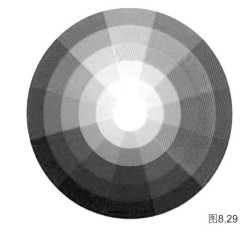

图8.29

经验总结

使用"膨胀工具"对对象进行操作时，可以先放大要处理对象。检查一下，如果颜色中杂色较多，最好先去除一些杂色。因为膨胀工具的工作原理是将笔触圆心处的像素镜像复制，那么杂色点就变成了长长的线而显得不真实。

色），对比色可以让画面更有冲击力，使得画面饱满，富有张力。

哪里有光，哪里就有颜色，有时人们会误认为颜色是独立的——这是蓝色，那是红色。但事实上，颜色不可能单独存在，它总是与另外的颜色产生联系，没有某一种颜色是所谓的"好看"或"不好看"，只有在与其他颜色搭配作为一个整体时才能说：这是协调的，或者这不协调。色轮告诉了人们颜色之间的相互关系，本节接下来会阐述这一点。

8.4.1 原色、间色与复色

白色光包含了所有的可见颜色，人们看得到的是由紫到红之间的无穷光谱组成的可见光区域，例如大自然中的彩虹。为了在使用颜色时更加实用，人们将其分为了 12 种基本的色相。图 8.29 所示的色轮就是由 12 种基本的颜色组成。

1. 原色

原色也叫三原色，即红、蓝、黄，如图 8.30 所示。从色轮图可以看出，三原色在色环中的位置也是平均分布的。原色是色轮中所有颜色的"父母"。在色轮中，只有这 3 种颜色不是由其他颜色调合而来。

2. 间色

本书之前已经介绍过，原色之间的两两混合就产生了二次色，二次色也叫间色，如图 8.31 所示。二次色所处的位置则位于两种原色中间的地方。每一种二次色都是由离它最近的两种原色等量调合而成。

图8.30 　　　　　　　　　　　图8.31

3. 复色

读者应该还记得三次色的概念，三次色即复色。它由间色与原色或者间色与间色调合而来，如图 8.32 所示。

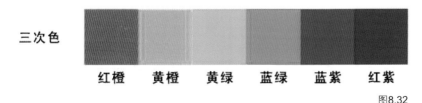

图8.32

4. 共同的颜色

读者可能会发现，每一种颜色都拥有部分相邻的颜色，如此循环成一个色环。共同的颜色是颜色关系的基本要点，必须对此有所了解。

图 8.33 左边从紫色到草绿色这 7 种颜色中都共同拥有蓝色。离蓝色越远的颜色——如草绿色，其含有的蓝色就越少。而图 8.33 右边从橙色到蓝绿色这 7 种颜色中都拥有黄色。离黄色越远的颜色，拥有的黄色就越少。同样在图 8.33 上边从钴蓝色到中黄色这 7 种颜色中都拥有红色。

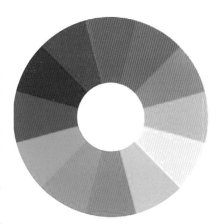

请读者再次观察图 8.29 所示的色轮，颜色是有明暗之分的——或者称为颜色数值。为了显示颜色的明暗，所以色轮有了多个环。两个外围的大环是暗色，里面两个小环则是明色。五轮色轮的中间是颜色的基本色相。5 个圆环已经清楚地表示了颜色如何由暗到亮的过程，读者应当注意，这种明色及暗色的关系只是相对而言的。

图8.33

8.4.2　基本配色

颜色绝不会单独存在。事实上，一个颜色的效果是由多种因素来决定的：反射光、周边搭配色、观察角度等。

下面笔者将结合一些经典的案例介绍 10 种基本的配色设计，每一种颜色关系都可以衍生无数种搭配的可能。读者掌握本小节的知识可以大大拓宽自己颜色的视野。

这 10 种基本的配色设计分别是：无色设计、类比设计、冲突设计、互补设计、单色设计、中性设计、分裂补色设计、原色设计、二次色设计和三次色三色设计。

▶ **1.无色设计**

如图 8.34 所示，图中除了黑色、白色和灰色之外没有其他颜色，黑白灰是上限，当然只有黑白或者只有黑灰构成的画面就是下限，只有黑白灰其中一种颜色就失去对比，也就没设计一说了，由它们构成的画面透露出一种安静素雅的感受，同时还具有体积感强的特点，现在常用来表达忧郁颓废的情绪、怀旧的感觉。

105　101　98

无色设计

不用彩色，只用黑、白、灰色。

图8.34

图 8.35 是无色设计的一个运用示例。

图中巧妙地运用了光影来连接设计好的黑（头发）白（皮肤部分）灰（帽子），将其联系在一起，过渡自然。而明度较低的帽子和头发将视觉重心定格在了人物高亮的表情上。并且，采用粗糙的帽子也与人物的质感形成了鲜明的对比。耷拉下来遮住眼睛的帽子加上表情也传递着一种神秘而俏皮的人物个性，使画面显得很轻松。这是一个"稍微加工"就自然形成的无色设计，关键是帽子的运用，而方式是渐变。

图 8.36 是通过在黑色背景上放置白色的广告词，呈现出灰色的人物退居其次，形成最大对比来突出广告内容。字母所组成的点和线，与人物、背景所形成的面，完成平面构成，平面的点、线、面搭配。

图8.35

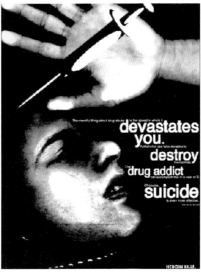

图8.36

▶▶ 2.类比设计

　　如图 8.37 所示，类比设计说法来源于构成这种设计的颜色搭配，类比色指色环上挨得很近的颜色的组合，当然这也是有一个下限的，也就是 6 色环：依次是红橙黄绿蓝紫，这 6 种颜色是真正的邻近色，也就是如果有所跳跃就不是了，比如红色和橙色是邻近色但红色和黄色不是邻近色，在红色和黄色互相不同比例混合中还有很多种颜色，只要这些颜色中还有红色的存在，那么都可以称为红色的邻近色，因此邻近色的一个特点就是被称为邻近色的两个颜色其中一个一定混合有另外一个的颜色，就如同橙色里有红色，那么它们可以算邻近色；橙色里也有黄，所以它和黄也是邻近色；但是红色和黄色里面都没有对方的颜色，那么它们不能算邻近色。这种颜色搭配产生了一种渐变，显得色调很明确、低色彩对比度的和谐美感。类比色非常丰富，但不能超过 3 个，否则容易给人色环的感觉，由偏冷的颜色向偏暖的颜色过渡，会产生一种生命力、春暖花开的感受；由偏暖的颜色向偏冷的颜色过渡，会传递一种神秘又活泼的情绪；中性色彩向暖或者冷方向过渡会产生梦幻般的色调。

| 92 | 88 | 73 |

类比设计

在色相环上任选三个连续的色彩或其任一明色和暗色。

图8.37

图 8.38 是用红、橙、黄搭配的类比设计示例。第一眼看到此设计，很容易将其和原色设计搞混淆，因为设计中的红色、黄色会让人误认为是原色设计。但它确实是一个类比设计，就因为多了一个橙色，把红色和黄色有机地结合了起来，给人赏心悦目的视觉效果。图中黄色和黑色的单色搭配将人的视觉重心吸引到人物上，非常明快、醒目。

图 8.39 是橙、黄、黄绿的类比设计示例。

此设计是类比设计与无色设计的结合。黄色、橙色、红色、绿色为邻近色，这种颜色搭配产生了一种低对比度的和谐美感。

图8.38

图8.39

▶▶ **3.冲突设计**

如图 8.40 所示，也许所有人在生活中都会触及这样一些情况，发现某两个颜色放在一起使得对方都非常显眼，互相衬托的感受。也就是下面的冲突设计，也叫冲突色设计，当把一个颜色与色环上与它相对的颜色（补色）周围的颜色（邻近色）组合起来时，注意不包含那个补色，整体画面显得非常醒目，有一种无法回避的感受。这样的设计现多用来表达时尚和年轻的不羁，一般出现时都以高饱和度姿态，瞬间吸引眼球。

4   68

冲突设计

把一个颜色和它补色左边或右边的色彩配合起来。

图8.40

图 8.41 是红、蓝的冲突设计。红色的补色是绿色，这个设计利用绿色旁边的颜色——蓝色来搭配，是典型的冲突设计。

图 8.42 是湖蓝、红的冲突设计。

一组交错排列的图案和文字，通过颜色以及点、线、面的构成引导了对象的阅读顺序。左边的两块文字相对于右边的图案不够醒目，因为右边的图案是单一的。所以第一印象它会很显眼，也就会引导观察者先看明白是什么东西，然后再阅读广告词。

图8.41

图8.42

▶ 4.互补设计

如图 8.43 所示，紫红色的鞋子和黄绿色的背景形成了互补，视神经在受到红紫色颜色刺激后被周围的黄绿色很好地调整了，补色带给人的感受虽然强烈，但也不会难受，相比上面的冲突色就显得平衡得多，传达出活力、能量、兴奋等意义，就像动态的平衡。就如同食物中的面包和水，当喝多了水就想要吃面包，而面包吃多了就想要喝水一样互相调节。当构成设计画面的两种互为补色的颜色比

互补设计

使用色相环上全然相反的颜色。

图8.43

例相当时，画面显得很平衡；当其中一种多而另一种少的时候，突出的是少的这种颜色；当少的这种颜色明度低于多的那种颜色的明度时，画面会显得闪耀。

图 8.44 是橙、蓝构成的补色设计。

被修改成蓝色调的人物与附加在图像上的橙色图案构成了互补色调。请注意，这里要讲到一个关于互补色调不容易判断的用法：本书之前的基础讲解中曾经提到过，互补色调画面中互相补充的两个颜色要面积相当才算是互补色调。但在这个设计中，蓝色覆盖的面积远大于橙色区域，只不过蓝色的整体饱和度偏低而已。这里笔者为读者补充一个用法，在蓝色饱和度不如橙色的情况下，有意使其面积大于橙色区域，仍然可以考虑将其判断为互补色调。

图 8.45 是红、绿的补色设计。红色的衣服、绿色的背景在照片上形成互补色调，并且互相在皮肤上形成环境色相融合，是非常典型的由摄影师构思的互补色调。

经验总结

使用选择工具时，按住 Alt 键可以以起点为中心得到矩形选择区；按住 Shift 键则可拖拉出正方形和圆形的选择区。

图8.44

图8.45

▶▶ **5.单色设计**

　　如图 8.46 所示，画面由紫色的暗、中、明 3 种明度组成，这就是单色设计。它属于非常基础的一种颜色搭配，这种设计可以让单一的颜色产生丰富的变化但又同时传递着这种颜色的心理暗示。可以说它是 3 种颜色，但给人的感觉往往只有一种，因为只是向一种颜色里面加了不同比例的黑色和白色改变了它的明度而已。这和上面的类比设计有所类似，类比设计有着颜色渐变的美感，而单色设计有明度渐变的美感。这种搭配在设计中应用时，其效果非常好，信笺纸的设计经常就会采取这样的方式，单一的颜色却很有层次，但又不会影响到阅读。

81　　85　　88

单色设计

把一个颜色和任一个或它所有的明、暗色配合起来。

图8.46

　　图 8.47 是黑、白、灰和红的单色设计。这张照片通过将人物去色处理，并加强黑白灰效果，再赋予人物红色，给人一种清新而素雅的感觉。甚至可以体会到画面之后的色彩心理暗示——专职，颇有国画丹青之趣。

　　图 8.48 是黑、白、灰和普蓝的单色设计。这张单色搭配采用的是普蓝色，色彩在背景上最重，人物偏亮，从而突出人物。色彩属于冷色调，带给人一种素雅冰清的感觉。

图8.47

图8.48

6.中性设计

如图 8.49 所示,在色环上直线相对(连线经过环的圆心)的两种颜色称为补色,加入一个颜色的补色或者黑色使它色彩消失或中性化。当然这是调色的技巧,如果读者没有尝试过调色可能对上面的话不易理解,那么颜色中有哪些是常见的中性色呢? 黄色、土黄色、紫色、绿色或银色、金色这类特殊颜色,利用这些颜色进行的单色设计就叫做中性设计,但并不是这样狭隘的范围,下面的图 8.50 就是很好的例子,黄色的加入影响了红色的衣服,使之不明显,整个画面还是呈现出一幅黄色中性调。这种搭配在色彩中应用时的效果显得古典、素雅、祥和、沉稳和值得信赖。

图 8.50 是偏黄中性调的中性设计。

设计将照片所有色彩都加入黄色,使这些颜色与黄色很好地融合,但又没有丢失掉自己的色相。整体画面因此而呈现出黄色调,散发着一种古典的气质,上下方的加深处理,诱导视觉重心向人物胸前的项链转移。

| 17 | 32 | 26 |

中性设计

加入一个颜色的补色或黑色使它色彩消失或中性化。

图8.49

图8.50

图8.51是偏绿中性调的中性设计。这张照片的处理手段比较特别，并没有整张照片加入墨绿，而是右边人物整体饱和度降低，左边背景及人物边缘采取一种渐变的方式铺上墨绿色（下方减淡），颇有晕染的感觉，但是整体给人最明显的还是绿色调，配合人物的表现力显得活泼而时尚。读者可以参考下一节的色彩暗示——时尚。

图8.51

图 8.52 是偏黄中性调的中性设计。

画面整体偏黄，虽然深色部分还是透着淡淡的绿色，但是绿色也为中性色，在黄色较为明显的情况下，定为黄色调。该设计透露着古典而悠闲的感觉。读者可以参考下一节的色彩暗示——柔和。

图8.52

分裂补色设计

把一个颜色和它补色
任一边的颜色组合起
来。

图8.53

图8.54

图8.55

▶ **7.分裂补色设计**

如图 8.53 所示，橙黄和蓝紫色是补色，和绿色是邻近色，将一个颜色与它的补色和冲突色放一起就叫分裂补色。这种颜色搭配同时融合了类比色的色相渐变美感和补色的两个极端互相平衡带来的能量感。这类设计一般都具有冷暖对比而显得和谐，因此运用范围非常广泛。

图 8.54 是紫、黄和橙黄的分裂补色设计。紫色和黄色是互补色，黄色和橙黄是邻近色，画面中橙黄色的背景上放置着紫色和黄色的色块，在平面构成上与右边黄色的小面积的英文产生对比。

图 8.55 是红、绿和橙的分裂补色设计。典型的背景图片上，交错的砖墙由黑色、红色、绿色、橙色交错有规律地构成纹理，但它们又是分裂补色搭配，作为背景既显示出补色活跃的强烈色彩对比，又具有邻近色的弱对比降低了色彩的跳跃性，显得非常合适。

图 8.56 是红、蓝和绿分裂补色设计。

这张平面设计的图像非常耀眼，因为它属于原色的分裂补色设计，红色的饱和度非常高，而文字安排也非常规矩，中间的蓝色和绿色主要采取了渐变，迫使观者躲避耀眼的红色而将视线停留在中间主题部分。

图8.56

▶ 8.原色设计

如图 8.57 所示。水中三色盘子构成了很自然的画面，而原色中只有两种颜色的运用也不少。但两种颜色只有分开才能第一印象给人原色的感受，如果放在一起则会被认为是冲突设计，比如黄红、红蓝都是这样，可以参看前面的冲突设计。因此，严格意义上来说只有 3 种原色都存在的设计才能称为原色设计，在原色设计中占比例大的才是突出的部分，这和补色设计是相反的。

原色设计

把纯原色红、黄、蓝色结合起来。

图8.57

图 8.58 是红、黄和蓝的三原色设计。图被分割成为两部分，每一部分只有两种颜色，左边只有蓝色和红色，右边只有黄色和红色，这种方式其实更有指向性，因为两部分通过背景和线明显分割开，这种方式在很多 DM（Digital Magazine 数码杂志）上可以见到，在这样的搭配中，较少的面积颜色会成为视觉诱导的中心，而这样的颜色安排也会结合作者想要表达的对象来策划。左图中较少的蓝色位于中心的人物和文案上，使人更容易注意到；右图中较少的红色位于唯一的对象：女人体所穿的比基尼上，带来更强烈的视觉冲击。

注意，这种方式看来非常简单，但却是设计味道非常浓厚的一种方式。这种方式并不单单只有原色搭配才可运用，只是原色搭配显得更简单一些，因为在原色搭配里 3 种颜色的地位一样，而其他的搭配，需要更多的思考颜色之间的关系来运用。

图8.58

▶▶ 9.二次色设计

如图 8.59 所示，橙色和绿色的罐子搭配紫色的花台显得很融合，每两个颜色之间都拥有一个共同的颜色：绿色和紫色含有蓝色，绿色和橙色含有黄色，紫色和橙色含有红色。当它们在一起的时候既能彼此独立分辨出来，但又对比度不高，显得不如原色刺眼。同样，也有人将其中两种颜色用来搭配，严格意义上来说也不能算是二次色设计，比如绿紫色到底是该算冲突色还是二次色呢，或许应该说是二次色的冲突设计。当颜色搭配由原色变为二次色再到后面的三次色时，它们的纯度是不断下降的，色彩也逐渐变得柔和。现实中我们看到的颜色经过光线折射几乎都是灰色，很少有纯色，因此当设计由原色向三次色过渡的时候，也会越来越接近现实的色彩而更容易让人接受，但并不会影响到设计。当读者在浏览一些年轻设计师和年长设计师作品的时候是否有所比较，年轻设计师较多喜欢强烈对比、强烈色彩刺激的设计，因为他们表达欲望很强；而年长设计师更注重内涵，考虑的因素更多，而常选择单色设计或者二次三次色设计。

图 8.60 是橙和绿的二次色设计。橙、绿 2 种二次色搭配，橙色热情，绿色清新，再加上二次色的柔和，视觉上更容易让人接受，因为背景的老旧泛黄效果，传递着历史悠久，值得信赖的信息。

图 8.61 是另外一种效果的橙、绿二次色设计。橙色的阳光下，绿色的荷叶以及上面的仙人球房子，显得生命力十足。

53　　86　　20

二次色设计

把二次色绿、紫、橙色结合起来。

图8.59

图8.60

图8.61

图 8.62 是橙、绿和紫的二次色设计。

该设计上，橙色的皮肤、花、座椅穿插在绿色和紫色的周围，配合人物休闲的坐姿，显得恬静而舒适。

图8.62

▶▶ 10.三次色三色设计

三次色都是原色混合两次以上的结果，如图 8.63 所示：黄橙的吊灯、蓝绿的天花板、红紫的桌子。三次色三色设计限制比较严格，因此名称上就限定了"三色"，而且由于其多次的混合性产生了多达 6 种三次色，如果随便搭配很容易搭配出另一个类比色或冲突补色设计，但其搭配方式是传承的二次色设计，保持了一定的冷暖倾向，因此除了前面提到的黄橙＋蓝绿＋红紫搭配外，还有一种固定的搭配方式：红橙＋黄绿＋蓝紫，当不按照这种搭配使用三次色时就会产生更柔和的调子，如后面的两张卡通例图。

| 57 | 28 | 95 |

三次色三色设计

三次色三色设计是下面二个组合中的一个：红橙、黄绿、蓝紫色或是蓝绿，黄橙、红紫色，并且在色相环上每个颜色彼此都有相等的距离。

图8.63

图 8.64 是黄绿、蓝绿和橙黄的三次色三色设计。这样的三次色又称复色，相比二次色又要柔和许多，特别是邻近色之间的融合显得非常美妙奇幻，背景中的蓝绿天空过渡到了黄绿的云层。读者应当多练习三次色三色设计，因为三次色搭配的能力一度被用来衡量一个人色彩水平的高低。

图 8.65 是橙黄、红紫和黄绿的三次色三色设计。

通过橙黄到红紫来形成连成一片的光源和天空成为远景，黄绿色的大地延伸形成近景并与具体的图像融合，这完全符合人们对自然的认知。

图8.64

图8.65

8.4.3　色彩给人的暗示及傻瓜色系表

色彩带给人的感觉虽然是不可触摸的，带给人的感觉也是因人而异。但是颜色与颜色之间比较，每种颜色还是具有自己独立的色彩感觉，就算观察者并不知道，但它还是能带来某种暗示，这就是色彩的心理暗示。常用的色彩暗示包括 24 种，它们分别是：强烈、丰富、浪漫、奔放、土性、友善、柔和、热情、动感、高雅、流行、清新、传统、清爽、热带、古典、可靠、平静、堂皇、神奇、怀旧、活力、低沉和专职。

本小节将在基本配色的后面，介绍各种色彩组合，笔者为读者示范了 7 种色彩暗示的不同搭配方式色系表，美术基础弱或颜色选择不准确的读者可以参考相应的色系表来安排自己的设计。完整的 24 中色彩暗示色系表，读者可以在本书的服务论坛：http://www.pubeta.com 中查阅。

▶ **1.基本配色——强烈**

红色所表达的强烈有着执着如火的精神、勇敢、冲动、无法拒绝等等，同时也象征着力量和支配。

红色给人的色彩暗示就像一堆熊熊燃烧的火焰，常常有人将各种极端的情感比如：爱、恨、情、仇比喻成火焰，也就是火焰的色彩带给人的感受的反证。比如热情如火、怒火中烧、心急如焚等等，表现情感的充分感受。

在广告和展示的时候，有力的色彩组合是用来传达活力、醒目等强烈的讯息，红色总能吸引众人的目光，且不论设计如何，大街小巷各种媒体广告，红色占据的份额都是相当的多，看来在强烈醒目这一点上，得到了大多数人的认可，如图 8.66 所示。强烈色系表如图 8.67 所示。

图8.66

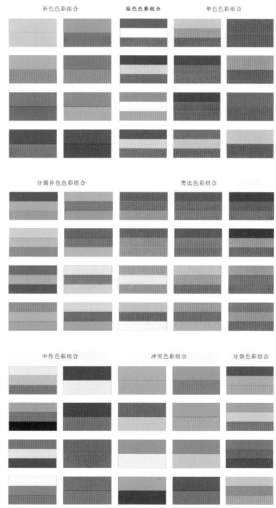

图8.67

▶▶ 2.基本配色——丰富

　　丰富的配色，其实也是从绘画写生中提炼出来，要使画面色彩丰富饱满，可藉由组合一个有力的色彩和它暗下来的补色。如图 8.68 所示，深白兰地酒红色就是在红色中加了黑色，就像产自法国葡萄园里陈年的葡萄酒，象征富足、奢侈。白兰地酒红色和背景的深森林绿如果和金色一起使用更可表现富裕。这些深色、华丽的色彩用在各式各样的织料上，如皮革和波纹皱丝等等，可创造出戏剧性、难以忘怀的效果。这些色彩会给人一种财富和地位的感觉。

　　而丰富的搭配原理也就是让画面色调丰富而不艳俗的调色方式，受光面的固有色加上固有色与其补色和少许黑色，调和成的最深的明暗交界线的色彩，显得光感十足。调色的方式如此，但在计算机软件的选色上有可能遇到困难，比如红色，我们需要选择绿色来调和，那么这道工序 Photoshop 上没有，必须得在色盘上直接选一个颜色，该如何应对呢？既然是红色＋绿色的调和，那么完全的 1：1 调和将失去色相，为了和红色对比绿色需要稍微多一点，那么在色盘上红色与绿色之间的深色区域稍微偏绿色方向一些的地方挑选颜色，往往就能满足需要。丰富色系表如图 8.69 所示。

图8.68

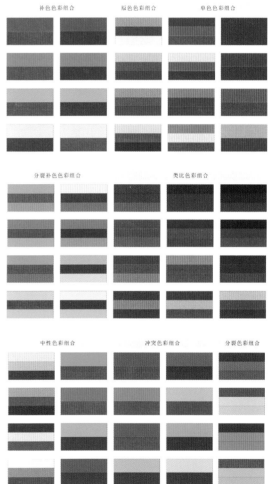

图8.69

▶▶ 3.基本配色——浪漫

一说起粉红色，很多人都感觉到浪漫而柔和。白色和红色互相呼应，少量的红让白色显得更纯洁；大量的白让红色梦幻而浪漫，梦幻产生的缥缈和不真实感，常常被用来表现一些神志不清的状态或者一些美丽的幻想及梦境。

浪漫色彩设计，由粉红及邻近的淡紫和桃红（略带黄色的粉红色）相搭配，会令人觉得柔和、圣洁，如图 8.70 所示。浪漫色系表如图 8.71 所示。

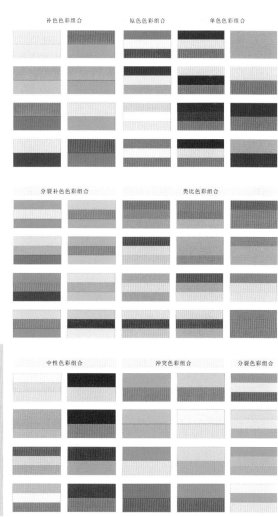

图8.70

图8.71

▶ 4.基本配色——奔放

朱红是一种神奇的色彩，它是由大比例的红色配上小比例的黄色形成，但带给人的愉悦感强过这两种颜色，红色的热情奔放以及黄色不温不火的调节使得朱红非常有魅力。就像是八九点钟的太阳一样，给人以希望。

朱红色是一种最令人熟知的色彩，包括其众多的明色和暗色都能在一般设计上展现活力与热忱，比如下一小节的土性。中央为红橙色、四周用白色辅以中性色的色彩组合最能轻易创造出有活力、充满温暖的感觉，如图8.72所示。奔放色系表如图8.73所示。

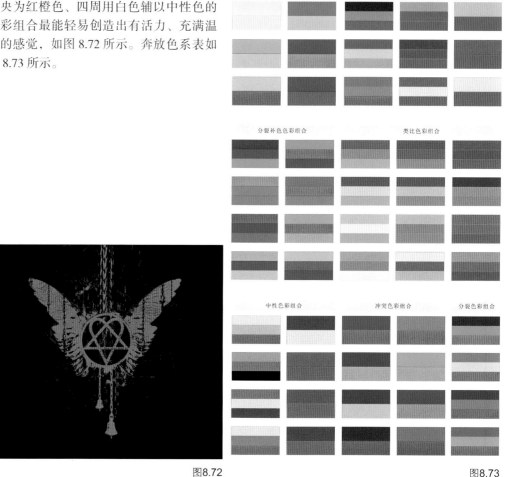

图8.72

图8.73

▶▶ 5.基本配色——土性

　　土性属于类比色搭配，由偏暗的红橙色以及它周围的颜色形成这一色调，由于是类比色调，有着自然的过渡很有美国西部黄沙赤土的自然感受，相比原色产生的间色，这类色彩明度偏低，加入了少量黑色的它们显得炽热而柔和。

　　加入了少量黑色的红橙色又叫赤土色，同加入了少量的白色的色彩一样，它有一种蕴含的能量，象征着成熟、稳重又不乏热情。又由于加入了黑色使得本来有些刺眼的红橙色黯淡了一些，令人联想到悠闲、舒适的生活，如图8.74所示。土性色系表如图8.75所示。

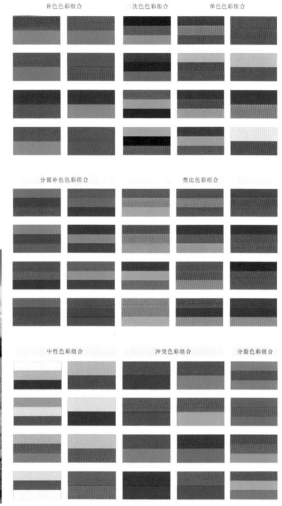

图8.74　　　　　　　　　　　　　　图8.75

▶▶ 6.基本配色——友善

橙色的是一种健康的颜色，人们很容易能够接受这种颜色配色，最好理解的是食物的颜色，烹饪成橙色的食物非常的有食欲，它会给人没有危险的意味。橙色的搭配蕴含着能量和动力，因此常常出现在餐饮业、娱乐业等等，能够创造出良好的气氛，如图 8.76 所示。

橙色和它邻近的几个色彩常应用在快餐厅，因为这类色彩会散发出食物品质好的讯息。橙色有耀眼、活力的特质，所以也被选为在危险地区的国际安全色。橙色的救生筏和救生设备（例如救生衣等）还可以让搜救人员轻易地在蓝色和灰色的大海里发现踪迹。友善色系表如图 8.77 所示。

图8.76

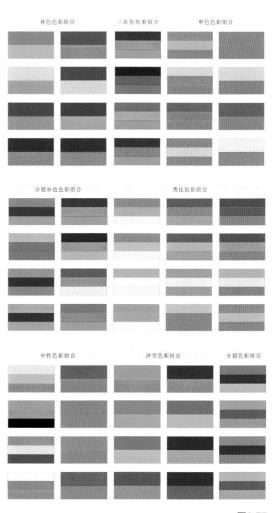

图8.77

▶▶ 7.基本配色——柔和

柔和的代表色彩是粉色（也叫肉色），它是一种高明度的橙色，同时只要是低对比度高明度的色彩搭配，都会显得比较柔和。

居室内的装潢，如果采用这类轻柔、缓和的色彩来设计，往往是非常理想的，中性偏暖的色彩带给人舒适感，高明度的色彩不会使居室显得黯淡，还会增添梦幻的色彩，这类色彩不但表现出温馨、柔和、淡雅的个性，同时也表现出平和大方的气度，如图 8.78 所示。柔和色系表如图 8.79 所示。

前面 7 种，笔者给出了配色示范，后面 17 种就不在一一列出了，有兴趣的读者可以到本书的服务网站查阅，下面给出后面几种的介绍。

图8.78

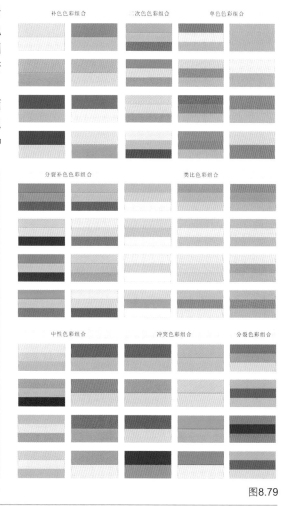

图8.79

8.基本配色——热情

采用黄橙、琥珀色的色彩组合，是最具亲和力的，它们就是暖色系里面最具代表的类比色搭配。添加少许红色的黄色会产生和谐的对比，就像火红的枫叶、成熟的果实处处惹人喜爱。由于这种色彩暗示基本需要搭配，也就更有对比、更能强化每种颜色带给人的感受，因此黄橙色搭配红色给人的温暖感要强过单独的红色。如果充分表现出这类色彩组合的强度时，会使人联想到耀眼的金光或是珍贵的番红花。把番红花色加上白色，来作单色配色的设计时，会产生一种古典的美感，令人心动神摇。

而淡琥珀色组成的配色，给人舒适、温馨的感觉。

9.基本配色——动感

最鲜艳的色彩组合通常中央都有原色——黄色，它是色环上明度最高的颜色。黄色就像带给万物生机的太阳，暗示出活力和永恒。也像火焰外围的颜色，属于可以给人温暖，易于接近

经验总结

平面构成可以说是设计的基础，平面构成主要是由点、线、面和律动组成，结构严谨、富有极强的抽象性和形式感，并具有多方面的实用特点和创造力。它与具象表现形式相比较，更具有广泛性，是在实际设计运用之前必须要学会运用的视觉艺术语言。

那一部分。当黄色加入了白色，它光亮的特质就会增加，产生出格外耀眼的效果。

高对比度的配色设计，像黄色和它的补色紫色，就含有活力和行动的意味，尤其是出现在圆形的空间里面。身处在黄色或它的任何一个明度色的环境，几乎是不可能会感到寒冷和沮丧的。

▶ **10.基本配色——高雅**

高雅的色彩组合只会使用最淡的高明度颜色。如图，少许的黄色加上白色会形成粉黄色，这种色彩会给全白的房间带来更温馨的感觉。当然这也是一种中性色调，只是明度高的这一部分显得具有高雅的气质，高雅往往是与精致分不开的，杂乱的环境无论色调如何高雅，整体都高雅不起来。

同样，高雅配色对于明度的对比度也十分讲究，一般都是以低对比度为宜。

▶ **11.基本配色——流行**

流行有句俗话：今天"流行"的，明天就可能"落伍"——不过这跟色彩的暗示关系并不大。流行的配色设计看起来让人舒服，而且有震撼他人目光的效果。淡黄绿色就是一个很好的例子：色彩醒目，适用于青春有活力且不寻常的事物上。

从棒球运动鞋到毛衣，这种鲜明的色彩在流行服饰里创造出无数成功的色彩组合。黄绿或淡黄绿色和它完美的补色——苯胺红搭配起来，就是一种绝妙的对比色彩组合。

可以看到，流行色彩有一个特点：就是色彩鲜亮，很少有暗淡的颜色。大范畴讲，流行就是不按规矩，推陈出新，越大胆越可能成为流行，当然，具备美感是它唯一的限制条件。

在下面的色系表中，很多颜色搭配被用在流行服饰中。

▶ **12.基本配色——清新**

清新这类色彩来自大自然，用绿色的类比可以表现，它传达的是一种生机勃勃、健康的气息。图中晴空万里下，一片刚整理好的草坪，天蓝草绿，合起来看是那么地清新、自然。就算是绿色里最柔和的明色，只要配上少许的红色（它强烈的补色），就能创造出一股生命力。

同样，既然专门提到是类比色，最能表达清新的，也是类比色搭配，它们中的每个颜色，都带有少量黄色。

▶ **13.基本配色——传统**

传统的色彩组合常常是从那些具有历史意义的色彩那里模仿而来，因此传统严格意义上来说并不适合所有人，虽然也属于心理暗示，但它们具有强烈的地域性。蓝、暗红、褐和绿等保守的颜色加上灰色或是加深了色彩，都可表达传统这个主题，这源于早期的印染技术贫乏产生的商品所累积传达给人们的感受。

狩猎绿配上浓金或是暗红、或是黑色表示稳定与富有。这种色彩常出现在银行和律师事务所的装潢上，因为它们代表恒久与价值，但同时也失去了传统的心理暗示。当传统的色彩用于表达传统的对象时，才具有传统的感受。

▶ **14.基本配色——清爽**

清爽色彩的代表就是淡蓝绿色以及它的补色淡红橙色。读者可以想象一下游泳池的水，蓝绿或是鸭绿，色彩清亮、舒爽，当然这并不是一种如何搭配都会产生清爽的色彩，在单色色彩组合与类比色彩组合时效果会比较明显。

清爽的色彩组合如果制造一些明度的对比，还可以散发出轻松、宁静的气息。

经验总结

平面构成中最基本的形象及构成：形象在构成设计中是表达一定含义的形态构成的视觉元素。形象是有面积、形状、色彩、大小和肌理的视觉可见物。在构成中，点、线、面是造型元素中最基本的形象。由于点、线、面的多种不同的形态结合和作用，就产生了多种不同的表现手法和形象。

▶ **15.基本配色——热带**

　　色相环上带有热带风味的色调，一定包括绿松石绿这种冷色系里最温暖的色彩。和其他蓝绿色的明色家族成员在一起，可以给人宁静的感觉。单独的使用比较缺乏美感，绿松石绿的补色——红橙色放在任一个这些色彩的组合里，都有上佳的效果。

　　由于主题色是绿色，因此单独使用这种绿色和类比色搭配的设计或者画面都传递着一种中性祥和的美丽，并且传达着一种一尘不染自由自在的感觉。

▶ **16.基本配色——古典**

　　古典色彩常用来表达祥和、平衡与持久，采用钴蓝色点缀会使安静祥和的画面被打破，但这并非不好，因为少量的钴蓝色所展现的晶莹剔透的活力更是衬托了主色调给人的感受。又因为含有绿色，钴蓝色会唤起人持久、稳定与力量的感觉——特别是和它的分裂补色（红橙和黄橙色）色调的画面搭配在一起的时候，大多数人认为：钴蓝色是最漂亮的蓝色。

▶ **17.基本配色——可靠**

　　深蓝、普蓝、海蓝这一系列比较纯的蓝色带给人一种庄重严肃而又实在的感受，为了表达这一信息，很多企业乃至执法机构都采用这系颜色制作制服。

▶ **18.基本配色——平静**

　　任何设计中，只要加入淡蓝色，都会有舒缓压力的作用。大部分人在看到蓝色的时候都会觉得凝神静气，这是一个奇妙的颜色，蓝天、大海、月光这些都带有蓝色，无数的诗人艺术家在这些环境中创作出优秀的作品，可见平静的蓝色是一种能安抚情绪心情的色彩。长时间的阴雨天气会造成人的情绪烦躁。蓝天的淡蓝色能带给人愉悦的心情，如释重负。

　　高明度的冷色给人安稳、恬淡、舒适的感觉。在进行色彩搭配时，也要将进行搭配的颜色明度保持和这类色彩差不多的程度，否则很可能造成压抑不协调感而破坏了这样的色彩感觉。

▶ **19.基本配色——堂皇**

　　象征堂皇的蓝紫色也不是人为规定的，颜色本来带给人的感受就是庄重（蓝色）与贵气（紫色），蓝色比较多，所以主要感觉是比较的率直，略带贵气的紫色就像规矩甚严的皇宫贵族的皇子，忧郁、正义、直率。近年来报刊媒体上也出现紫色男人一说，也就是说的这种感觉。单纯在颜色层面上来说，就像例图中的葡萄，蓝紫色成了红紫色（亮面）与深紫色（暗面）之间最好的过渡色，如果没有蓝紫色，那么红紫色与深紫色的衔接将显得非常的死板和格格不入，这种融合了多种颜色的三次色，很容易与其他颜色衔接并且不会难于分辨，即证明这种堂皇的气质。

▶ **20.基本配色——神奇**

　　紫色的神秘被用来表达各种与之相似的事物，神秘的天蝎座，它的幸运色是紫色；着装呈紫色的女性给人一种不易接近、神秘的感受。紫色本身是一个重色，它的明度很低就像一种保护色，蓝红结合产生这个不稳定的颜色给人一种随时会变化的感觉。就像魔术师，这么说来紫色也是魔术师的偏爱色，非常具有吸引力。而城市里各种媒体广告，为了吸引眼球也非常爱使用这个颜色，但是单独使用会有一种距离感，一般都会搭配使用。那么一个非常有名的搭配就是紫色的补色搭配黄色，色彩刺激感可以用兴奋剂来作比喻，世界著名画家梵高非常多的画都是使用黄紫补色调进行创作，使得他与其他画家非常不同但又同时赢得世人的认可。

▶▶ 21.基本配色——怀旧

淡紫色是一种典雅温和的颜色，任何一种淡淡的中性色与之搭配都能给人怀旧的感受，淡紫色透出的微弱的色彩信息就像蒙尘的记忆。但淡紫色的搭配往往是传达一种比较美好的快乐的思古情怀，偶尔也带有淡淡的忧伤，表达一种眷恋昨日美好的心情。而其他中性色表达的怀旧情怀更广，但在这一层面上，淡紫色的表现最好。在例图中淡紫色的袋子、淡黄色的盒子包含了3种原色，显得饱满，由于紫色是二次色，也比粉色更精致、更容易凝结人的思绪。

▶▶ 22.基本配色——活力

体现活力的红紫色是红色与紫色的混合色，既包含了红色的热情又具有紫色的神秘，给人一种不稳定、不呆板的感受，由于一份红色搭配一份紫色，而紫色有二分之一是红色，因此红色占3份，蓝色占1份，整体呈现红色。刚好是这1份蓝色，使得红紫色与红色产生很大的区别，红色只是热情，红紫色有了蓝色的控制，但又有一种控制不住而终，显示出红色调的动感和活力，也正是因为这一种活力和不稳定，一般需要传达信赖感的画面都不会采用这种颜色。

另一个与红紫色相对的充满活力的颜色是黄绿色，它同样显得很耀眼很不稳定，互相搭配会有比较好的效果，下面的色系表中，中性色彩组合与类比色彩组合最能显示这种活力，冲突色彩组合与单色色彩组合其次。

▶▶ 23.基本配色——低沉

给一种颜色加入少许的白色进行调和，提高明度同时降低了这种颜色的饱和度，只要加入的白色量控制到一定范围（明度越低的颜色加入的白越少），调和出的颜色就始终呈现出一种雾蒙蒙的灰色状态，就像薄雾、远山，虽然可以从中看到白蒙蒙的感觉，但整体却显得低沉。

特别是明度比较低的几个颜色：紫色、紫红色、蓝色、蓝紫色效果尤其明显，总的来说这是一种富有梦幻色彩的搭配，与之互相搭配的颜色都需要加入等量的白色来调和。

这个低沉与后面的专职有所不同，虽然同样是沉，专职体现的是沉稳，而低沉却是压抑了饱和度而产生的一种收敛的热情。

▶▶ 24.基本配色——专职

在很多企业的形象宣传中，往往都大量的采用黑灰色加单色的设计，黑灰色能传达沉稳、稳重的气息，搭配暖色能显得活跃而不失踏实；搭配中性色显得个性而别具一格，就如同一切饮料都离不开水一样，黑色和灰色是所有色彩很好的载体，并且有强化与之搭配颜色的色彩倾向，因为对比强烈。

虽然这是一种很不错的配色方式，但并不是可以随便使用得当的，在表达喜庆时，这种配色几乎是禁忌；与饮食相关的项目中也是少用为妙，因为黑灰的沉稳不能刺激食欲。

但是黑色和灰色也有所区别，黑色是唯一的，但灰色却可以有很多变化。